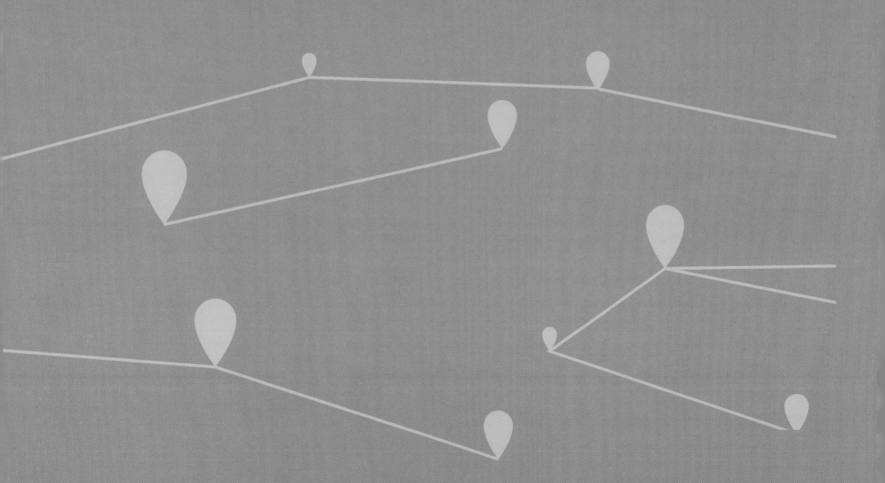

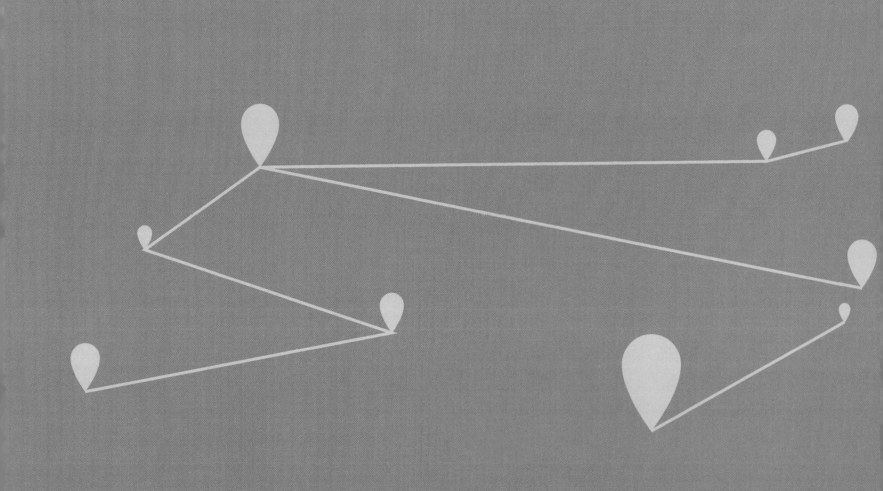

2017 | 中国人居环境设计
学年奖

获奖作品集

中国人居环境设计
学年奖组委会
四川美术学院 编

中国水利水电出版社
www.waterpub.com.cn
·北京·

内容提要

　　中国人居环境设计学年奖是清华大学与教育部高等学校设计学类专业教学指导委员会 联合举办的人居环境设计(囊括城市设计、建筑设计、景观设计、室内设计)领域的教学年会,本书收录了2017年中国人居环境设计学年奖的获奖优秀作品。

　　本书可供高等院校环境设计、建筑设计、城市规划设计、室内设计等相关专业的师生参考使用。

图书在版编目（CIP）数据

2017中国人居环境设计学年奖获奖作品集 / 中国人
居环境设计学年奖组委会,四川美术学院编. -- 北京;
中国水利水电出版社,2018. 11
　ISBN 978-7-5170-7076-4

Ⅰ. ①2… Ⅱ. ①中… ②四… Ⅲ. ①居住环境—环境
设计—作品集—中国—现代 Ⅳ. ①TU-856

中国版本图书馆CIP数据核字(2018)第246390号

书　名	2017 中国人居环境设计学年奖获奖作品集 2017 ZHONGGUO RENJU HUANJING SHEJI XUENIANJIANG HUOJIANG ZUOPINJI
作　者	中国人居环境设计学年奖组委会 四川美术学院　　　　　　　　　　编
出版发行	中国水利水电出版社 (北京市海淀区玉渊潭南路 1 号 D 座 100038) 网址：www.waterpub.com.cn E-mail:sales@waterpub.com.cn 电话:(010)68367658(营销中心)
经　售	北京科水图书馆销售中心(零售) 电话:(010)88383994、63202643、68545874 全国各地新华书店和相关出版物销售网点
排　版	四川美术学院
印　刷	北京印匠彩色印刷有限公司
规　格	250mm×260mm　12开本　18印张　208千字
版　次	2018年11月第1版　2018年11月第1次印刷
定　价	160.00 元

中国人居环境设计学年奖组委会

顾问：　　　　王建国　　建筑学专业指导委员会
　　　　　　　毛其智　　城市规划专业指导委员会
　　　　　　　杨　锐　　风景园林专业指导委员会

主任委员：　　谭　平　　教育部高等学校设计学类专业教学指导委员会
　　　　　　　郑曙旸　　清华大学美术学院
　　　　　　　庄惟敏　　清华大学建筑学院

副主任委员：　何　洁　　教育部高等学校设计学类专业教学指导委员会
　　　　　　　方晓风　　清华大学美术学院
　　　　　　　张　利　　清华大学建筑学院

委员：　　　　马克辛　　鲁迅美术学院　　　　　　张　月　　清华大学美术学院
　　　　　　　王铁军　　东北师范大学　　　　　　张书鸿　　东北大学
　　　　　　　龙　灏　　重庆大学　　　　　　　　张　悦　　清华大学建筑学院
　　　　　　　过伟敏　　江南大学　　　　　　　　唐　建　　大连理工大学
　　　　　　　朱文一　　清华大学建筑学院　　　　黄一如　　同济大学
　　　　　　　孙一民　　华南理工大学　　　　　　梁　雯　　清华大学美术学院
　　　　　　　孙世界　　东南大学　　　　　　　　董　雅　　天津大学
　　　　　　　孙　澄　　哈尔滨工业大学　　　　　宋立民　　清华大学美术学院
　　　　　　　杨豪中　　西安建筑科技大学　　　　邵　健　　中国美术学院
　　　　　　　吴卫光　　广州美术学院　　　　　　赵　军　　东南大学

中国人居环境设计学年奖秘书处

秘书长： 方晓风 清华大学美术学院
张　利 清华大学建筑学院
马浚诚 教育部高等学校设计学类专业教学指导委员会

副秘书长： 王旭东 清华大学艺术与科学研究中心
李　明 清华大学美术学院
文　霞 清华大学美术学院
叶　扬 清华大学建筑学院
任艺林 清华大学美术学院
周　志 《装饰》杂志社
戴　静 《住区》杂志社

序
Preface

　　"中国人居环境设计教育年会暨学年奖"是改革的产物，其前身为"中国环艺学年奖"。自2015年清华大学美术学院与建筑学院联手改组以来，已历三届。参赛人数和作品数量逐届增长，反映了大家对这项活动的认可，对改革的支持。改革的初衷，是能够构建一个跨越现有学科界限的、大人居观念下的设计教育交流平台，这个想法得到了众多领导、专家与学者的支持，由清华大学和教育部高等学校设计学类专业教学指导委员会作为主办单位，住房和城乡建设部高等学校土建学科教学指导委员会所属建筑学专业指导委员会、城市规划专业指导委员会、风景园林专业指导委员会等机构为协办单位。在这个跨学科的平台上，由各学科的权威专家和学者共同评审出最终的得奖作品，以评审促进交流，在过程中凝聚共识，在以往的实践中，取得了很好的效果。活动的严肃性、获奖作品的品质、对人居环境的认识、对设计教育走向的思考，都通过这个平台的构建而得到提升。

　　首届赛事确定的主题是"走向环境审美"，第二届的主题为"边界"，第三届的主题是"文化与空间"，可以看出，虽然每届都有一定的主题，但对主题的阐释和理解仍有相当开阔的空间，并不构成实质性的约束。每届主题的确定既反映了组织者对问题认识的不断深入，也在引导着学界和广大师生对这些主题所关联的问题进行更多的探究，以使这项赛事活动在学术性上有更好地表现。中国的人居环境建设，正在经历从粗放转向精细的过程，量的需求已不是问题，而对环境品质的评估则在这些年的实践中不断被社会各界追问，一方面经验的积累和增长改变了我们的看法，另一方面，有些认知层面的偏差也不断在实践中暴露出来并被质疑。每个主题，既是对社会关注热点的回应，也是对学界的提示。设计是一门综合性很强的学科，人居环境的建设更是涉及非常广阔的领域，宏观政策、经济状况、文化走向都对相关实践产生直接的影响，从几届参赛的作品中，我们也可以清晰地感受到。

　　在这一届的参赛作品中，我们可以明显地感受到，参赛者们文化意识的增强。空间形态的文化属性是毋庸讳言的一个事实，而我国的现代空间设计教育体系，很大程度上是从欧美国家移植过来的，加上欧美国家的建设水平的领先，导致在学习的过程中，文化立场变得不清晰了，简单模仿代替了深入的学习，策略的照搬代替了因地制宜的思考，这些都是在新时期的建设中亟需扭转的局面。参赛得奖的作品，虽然不能说都对问题给出了完满的答案，但其中富有启发性的思考，仍是值得关注并有所弘扬的。一年一度的赛事，很快成为历史，但通过赛事所积累的经验和思考，应该留下来，成为长久的参考，同时也是一份见证。为此，我们每年都编撰《中国人居环境设计学年奖获奖作品集》图书，作为活动圆满结束的一个句号。

最后，要特别感谢清控人居集团和筑巢投资集团对"中国人居环境设计教育年会暨学年奖"的赞助和支持！他们的支持使得这项活动能够更为纯粹，专注于专业和学术，而无后顾之忧，并保证了活动稳定而持续地进行下去。

方晓风

2018年10月

目 录

Contents

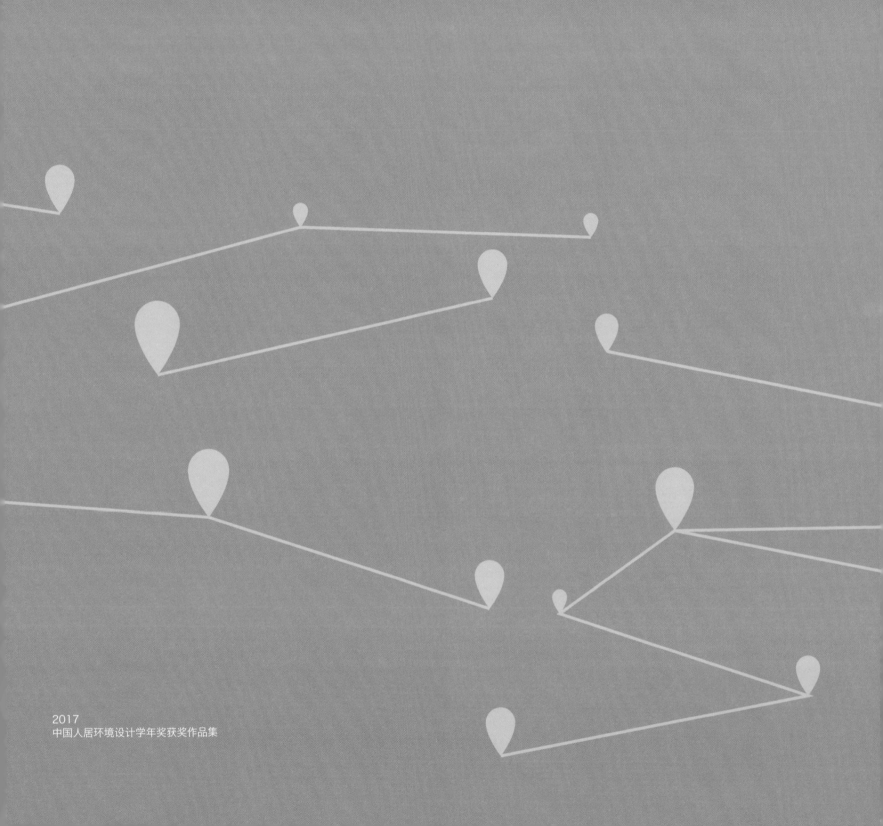

2017
中国人居环境设计学年奖获奖作品集

城市设计组
Urban Design Category

蜀锦联江
——都江堰离堆公园地段城市设计

参赛类别

城市设计

作者

龚稼琦 / 陈鹏举 / 徐菁菁

学校

东南大学

指导老师

刘刚 / 鲍莉 / 冷嘉伟 / 沈旸 / 董亦楠

奖项

本科金奖

设计说明

设计场地位于都江堰水利工程景区、灌县古城旅游综合服务区、20世纪80年代建设居住区规划开发中的滨江新居住和旅游片区、四大片区接合处，周边环境复杂。

场地内部由于大规模拆改，功能割裂，和周边场地联系弱，设计方案从区域功能弥合、特色功能（旅游）发展和功能外化（形态传承）的角度，结合不同的发展定位和策略，提出"城市织补"的概念。

"织补"，即对场地功能进行梳理并使之与周边的公共空间系统相连；通过节点空间和功能的置入、线性要素的连接，建立场地内部的功能分区和开放空间体系；通过对上位规划中各项管控指标的修改，提出了形态方案，并对重点节点空间进行了细化设计。

①方案系统分析图
②金马河滨河效果图
③公共广场节点透视图

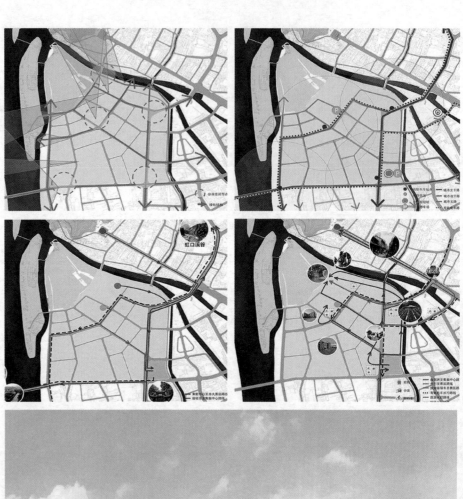

蜀锦联江
——都江堰离堆公园地段城市设计

1. 传统旅游商业街区
2. 酒店民宿
3. 居住区
4. 水利管理局和水利博物馆
5. 创意居住公寓
6. 商业综合体
7. 社区服务中心
8. 商住混合公寓
9. 集中商务办公区
10. 中心广场
11. 旅游集散中心
12. 商住商业合区
13. 旅游商业街区
14. 道教文化体验街区

① 鸟瞰图
② 总平面图
③ 效果图

流动的街巷
——成都青羊宫商业街规划及建筑设计

参赛类别

城市设计

作者

戴典

学校

华南理工大学

指导老师

林旭文 汤朝晖 杨晓川

奖项

本科金奖

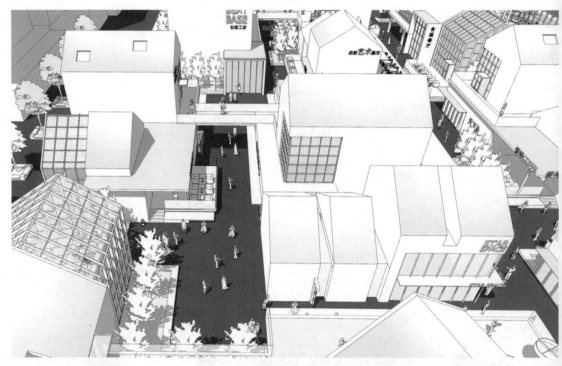

设计说明

根据现有用地情况，充分利用地形，通过场地整合并结合场地周边交通、景观、区域文化背景、城市空间形态等，有计划、有针对性地进行总体布局及单体建筑方案设计。尊重自然环境和场地文化氛围，创造适合本区域的以文化和创意相结合的文创商业街区，并将其打造成该区域一个重要的城市文化商业空间节点。

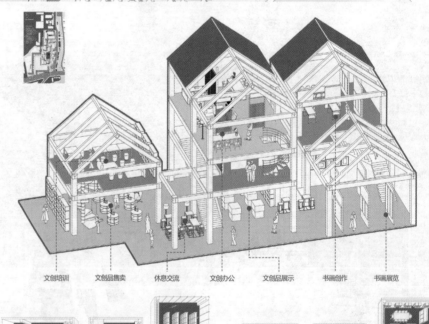

文创培训　文创品售卖　休息交流　文创办公　文创品展示　书画创作　书画展览

①	④
②	
③	⑤

①效果图局部
②艺术展示中心剖视图
③艺术展示中心一、二层平面图
④商业街设计效果图
⑤咖啡书吧剖视图

一层平面图

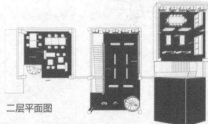

二层平面图

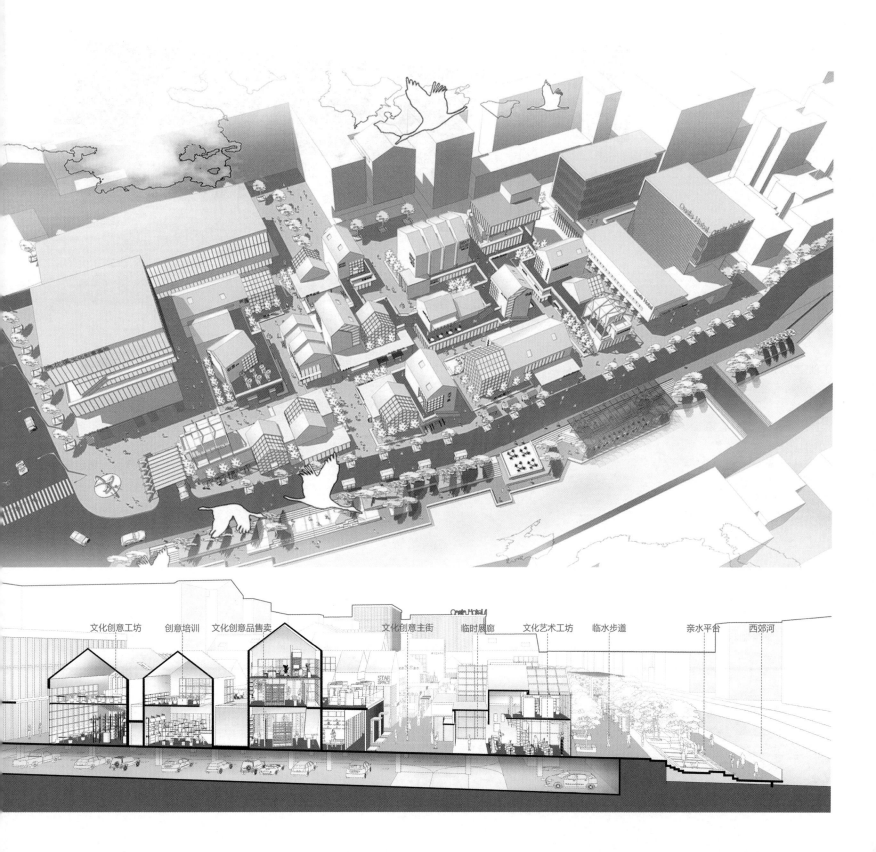

文化创意工坊　创意培训　文化创意品售卖　　　　　　文化创意主街　临时展廊　文化艺术工坊　临水步道　　亲水平台　西郊河

流动的街巷
——成都青羊宫商业街规划及建筑设计

①创客工坊剖视图
②空间轴测图
③商业街效果图
④酒店效果图
⑤商业街首层平面图

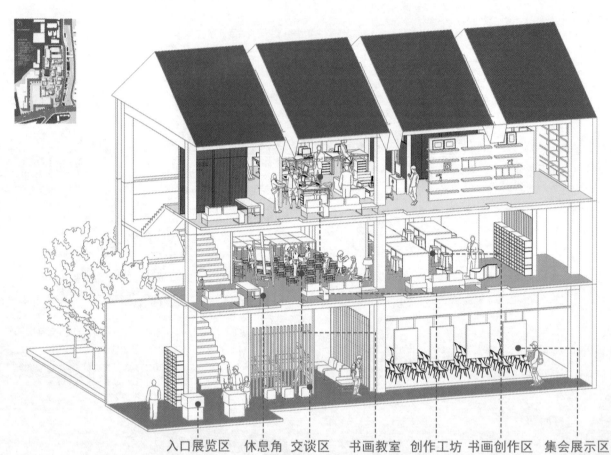

入口展览区　休息角　交谈区　书画教室　创作工坊　书画创作区　集会展示区

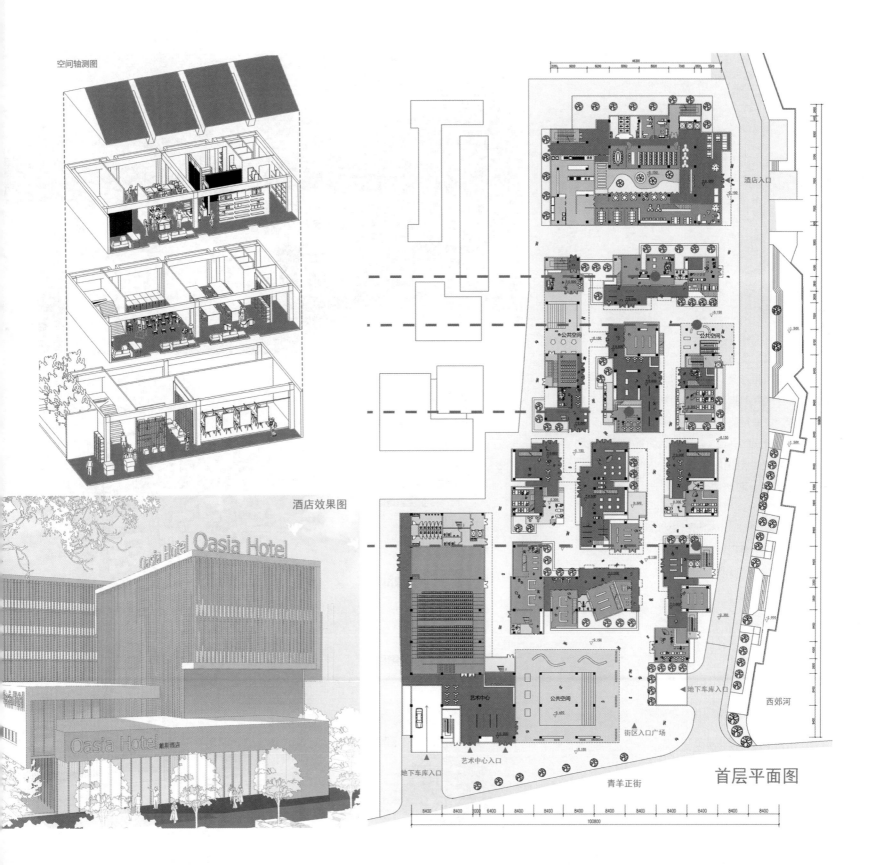

空间轴测图

酒店效果图

Oasia Hotel

公共空间

公共空间

艺术中心

公共空间

酒店入口

地下车库入口

西郊河

街区入口广场

艺术中心入口

地下车库入口

青羊正街

首层平面图

蜕变
——米兰Carrobbio片区历史资源周边景观活化设计

参赛类别

城市设计

作者

高嘉忆

学校

大连理工大学

指导老师

林墨飞

奖项

本科银奖

设计说明

本方案的设计理念为"蜕变",蜕变比喻事物发生形或质的改变,多指人或某个组织因指导思想的变化而改变行为和形象,变得与原来完全不同。在道家哲学中,蜕变则指通过一段时期的茧封或是焰炼得以升华。蜕变是美好的,因为会有改变,有对新事物的期盼带来的兴奋。本案设计为提高原场地利用率,保护场地范围内的重要历史建筑、景观轴线和空间节点,对东西两片绿地进行了细分;用蜕变这一概念,采用现代的折线手法,把绿地划分为"新"与"旧",突出历史资源与周边环境发展的融合设计,表现城市肌理由传统形式蜕变为现代简洁形式的设计概念。

①西部中心下沉广场效果图
②方案分析图
③总平面图
④圣欧斯托焦圣殿前广场效果图
⑤下沉空间系统分析图

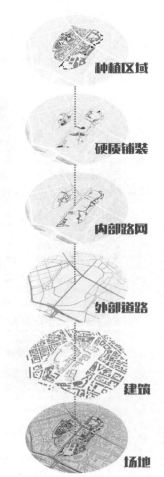

种植区域

硬质铺装

内部路网

外部道路

建筑

场地

蜕变
——米兰Carrobbio片区历史资源周边景观活化设计

②
① ③
④

①鸟瞰效果图
②③圣劳伦佐大教堂东侧绿地效果图
④圣劳伦佐大教堂西侧广场效果图

未知疆域之永生之都

参赛类别

城市设计

作者

戎利东

学校

湖北美术学院

指导老师

吴敏

奖项

本科银奖

设计说明

在神学盛行的中世纪时期，丰富多彩的宗教传说记录了人类在懵懂时期对于未知世界的奇思妙想，如中国古代道教的天圆地方说、古希腊的地心说、佛教象征微观宇宙的净土"曼陀罗"和印度教的"轮回十四界"等。由于教义的不同，宗教之间都经历了战争和融合的时代。然而，在纷繁复杂的宗教派别学说中，却共同存在这样一个长生不老的世界——"永生之都"。

作品《未知疆域之永生之都》以突破性的视角与思维去重构中世纪的宗教意识和阶级形态，借助符号学和象征主义概念展开逻辑化的空间叙事推演，经过解构、打散、重构，形成可建筑化的要素。

"拼贴"式的建筑形态植入中世纪宗教文献记载的文化记忆，符号与空间的重构使"媒介"（符号）、"教义"与"朝圣者"之间产生了三元关系，宗教阶级形态依附的建筑要素根据阶级关系产生内在次序化的搭接组合。最终，形成以宗教为本体的"永生之都"。

①符号象征、空间叙事以及城市三大建筑体系详解
②部分建筑部件平立面详图
③永生之都整体外观
④⑤⑥⑦永生之都不同视角及故事情节效果图

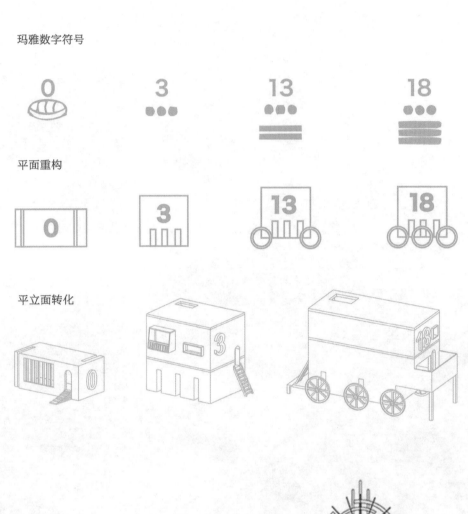

玛雅数字符号

平面重构

平立面转化

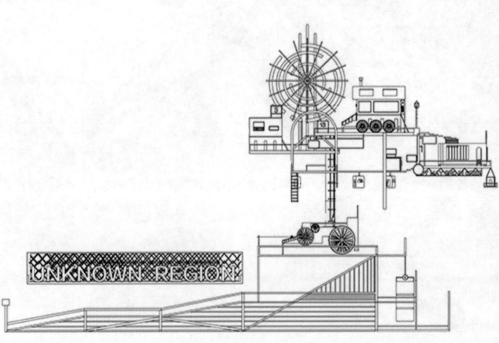

未知疆域之永生之都

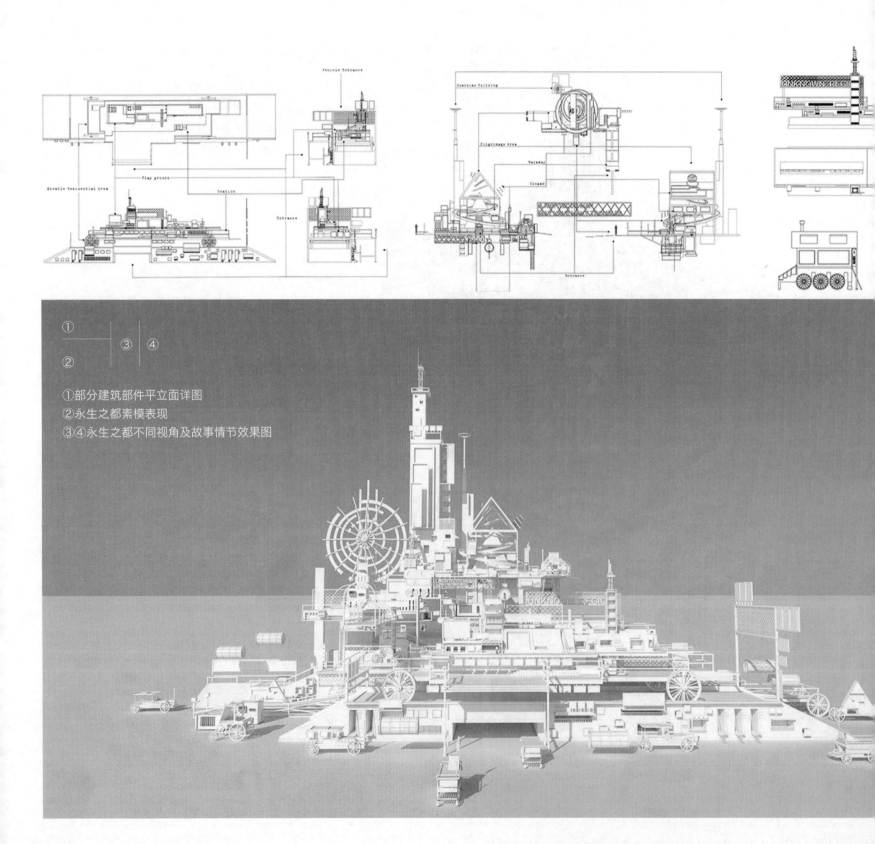

①部分建筑部件平立面详图
②永生之都素模表现
③④永生之都不同视角及故事情节效果图

时连空合
——天津中心城区铁路环线周边地区更新发展规划

参赛类别

城市设计

作者

林瀚 / 刘梦 / 时寅

学校

西安建筑科技大学

指导老师

李小龙 / 任云英 / 李欣鹏

奖项

本科银奖

设计说明

面对65公里长、涵盖约100万人口的天津环城铁路地区，本设计将其拆解为"轨"(铁路转型)、"枕"(周边更新)、"之间"(协同发展)进行深入设计。以"时连空合"为主题，以"识""脉""困""机""策"为主线。在"识"篇，提出了文脉传承、存量更新、区域协同和时代创新四个关键命题。在"脉"篇，对文化资源进行梳理，形成"遗产"和"印记"两大组成部分，在"困"和"机"篇，总结天津中心城区铁路环线的六大核心问题，并整合其可用资源和机遇。在"策"篇，有针对性地提出六大专题，并整合为空间、用地和人"三位一体"的综合导则作为指导思想来完成铁路环线的总平面设计。在"时连空合"的更新规划中，试图从纷繁之中抓关键，建立专题性的探索，构建一套理性的体系，并以此为纲，通过典型地段重点设计和一般地段众创参与的方式完成铁路环线上的有机更新。希望未来的设计可以在这个体系上有机地生长下去，形成注重多元参与、多方共享的创新型城市更新方式，为环城铁路周边更新找到一条合理可行的路径，为生活在此的居民留住生产、生活的印记。

①文化遗产保护之机图、生态环境改善之机图、交通网络优化之机图、存量空间提升之机图
②基于导则生成的方案图
③鸟瞰图
④西营门核心空间效果图

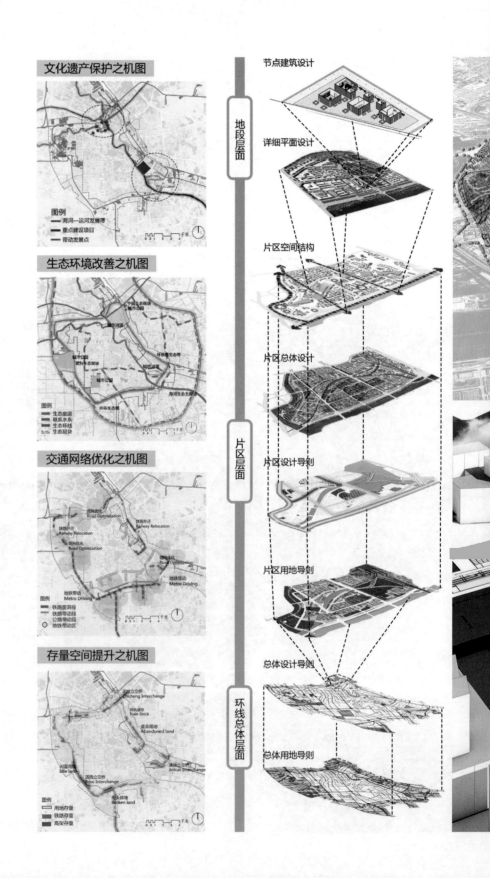

文化遗产保护之机图

图例
— 海河—运河发展带
■ 重点建设项目
● 带动发展点

生态环境改善之机图

图例
— 生态廊道
— 联动水系
— 生态环线
— 生态块区

交通网络优化之机图

铁路外迁 Railway Relocation
道路优化 Road Optimization
铁路外迁 Railway Relocation
道路优化 Road Optimization
地铁带动 Metro Driving

图例
■ 铁路废弃段
■ 铁路带动段
○ 公路带动段
● 地铁带动区

存量空间提升之机图

志成立交桥 Zhicheng Interchange
铁轨存量 Train Stock
废弃用地 Abandoned land
津昆立交桥 Jinkun Interchange
河西用地 Idle land
宾西立交桥 Binxi Interchange
破碎用地 Broken land

图例
□ 用地存量
■ 铁路存量
■ 高架存量

节点建筑设计

详细平面设计

片区空间结构

片区总体设计

片区设计导则

片区用地导则

总体设计导则

总体用地导则

地段层面

片区层面

环线总体层面

时连空合
——天津中心城区铁路环线周边地区更新发展规划

①困难总结图
②文脉资源汇总图
③用地调整导则图
④专题策略导则图
⑤总平面图

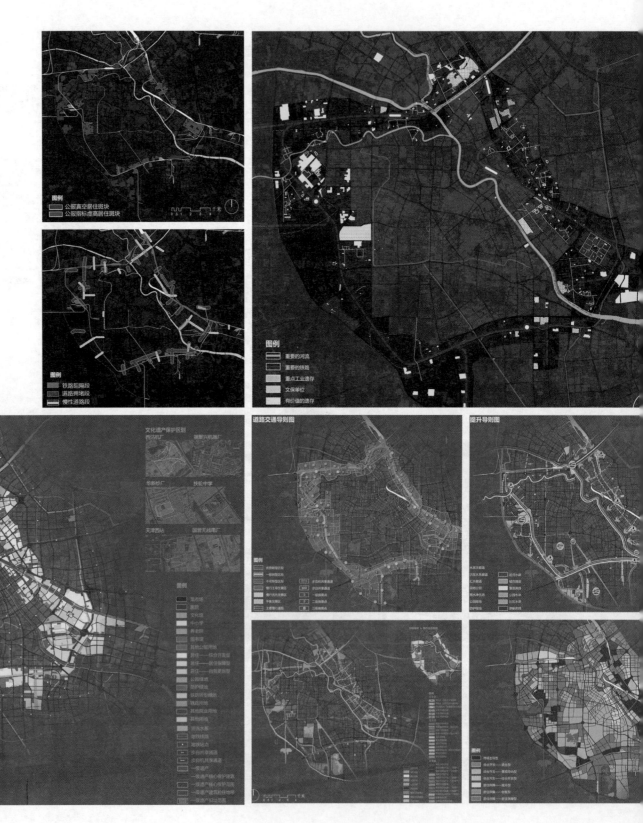

又见街区
——都江堰城市形态总体研究及重点地段城市设计

参赛类别

城市设计

作者

程可昕 / 张博涵 / 张亦然

学校

东南大学

指导老师

冷嘉伟 / 鲍莉 / 沈旸 / 董亦楠

奖项

本科铜奖

设计说明

本次设计过程主要分为整体形态认知、专题研究和重点地段城市设计三个阶段。设计立足于都江堰城市历史和现状调研，按照不同层级（边缘→结构→斑块）研究都江堰市自然现状、城镇空间形态现状与演变、产业现状与发展、基础设施现状与发展；从山水、城市、人文方面，对城市进行总体形态研究。在总体研究的基础上，选取都江堰老城与新城交界地块，针对地块街区解体、传统肌理消失、因游客居民共享而带来的街区分裂等现状问题，并将都江堰一水二分至四分的城市地理特色，从肌理—形态、边界—景观、尺度—类型三个角度对都江堰老城传统街区进行研究，探究何种城市形态可以承载复杂、有活力的城市生活。

通过对街区形态的研究，设计提取肌理关键类型并加以抽象，然后结合尺度与功能类型进行匹配。通过对地块内部及周边线性要素、点状要素的分析，生成地块整体网络结构，并在网络结构的基础上用面状要素（即关键肌理类型）进行填充，生成整体街区形态。

方案通过肌理生成、边界重塑、尺度感知等设计策略，以恢复地块作为共享性城市街区的特点。在此基础上，分系列举城市设计导则，并选取关键节点进行示范性建筑设计。

本设计从城市整体研究入手，进而对城市重点地段进行设计，最后深入至重点建筑设计，从宏观至中观进而微观，对城市形态城市生活的匹配进行了探讨。

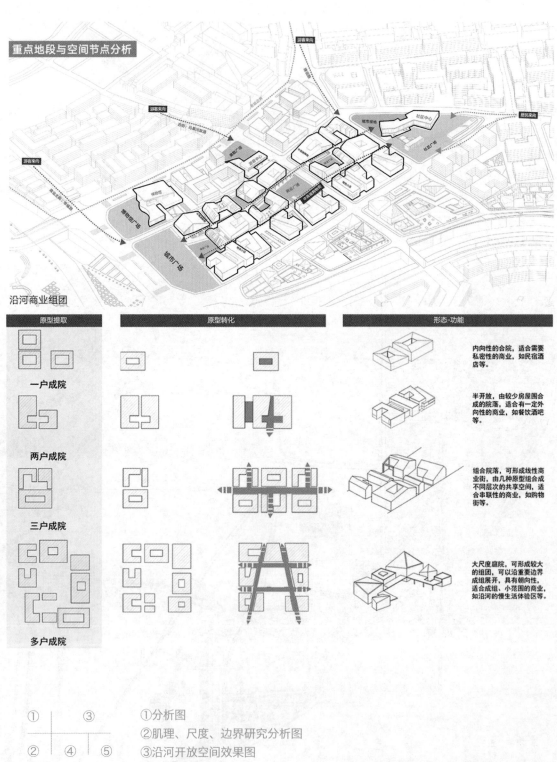

①分析图
②肌理、尺度、边界研究分析图
③沿河开放空间效果图
④商业街效果图
⑤沿河商业组团效果图

又见街区
——都江堰城市形态总体研究及重点地段城市设计

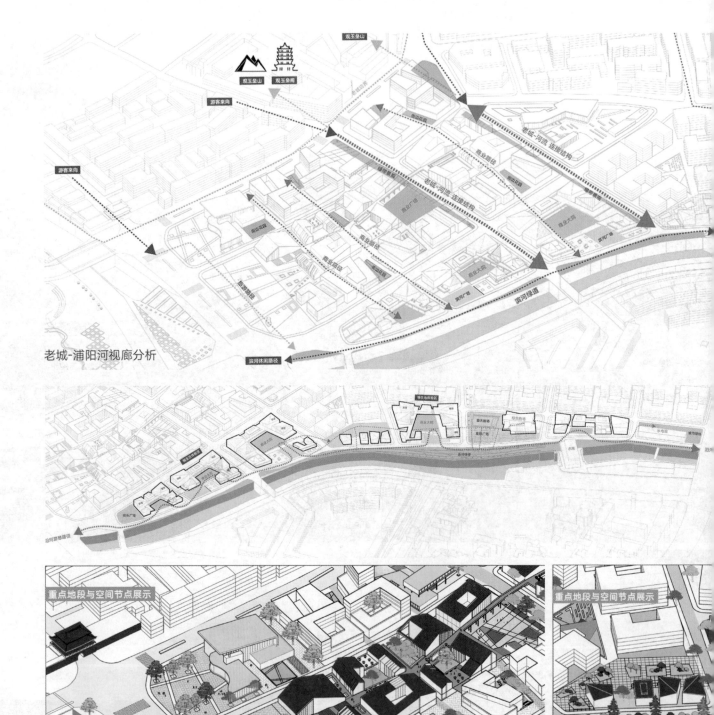

老城-浦阳河视廊分析

①②老城-浦阳河视廊分析
③总平面图
④商业街起始节点设计
⑤沿河休闲商业——剧场设计
⑥住宅区公共空间梳理

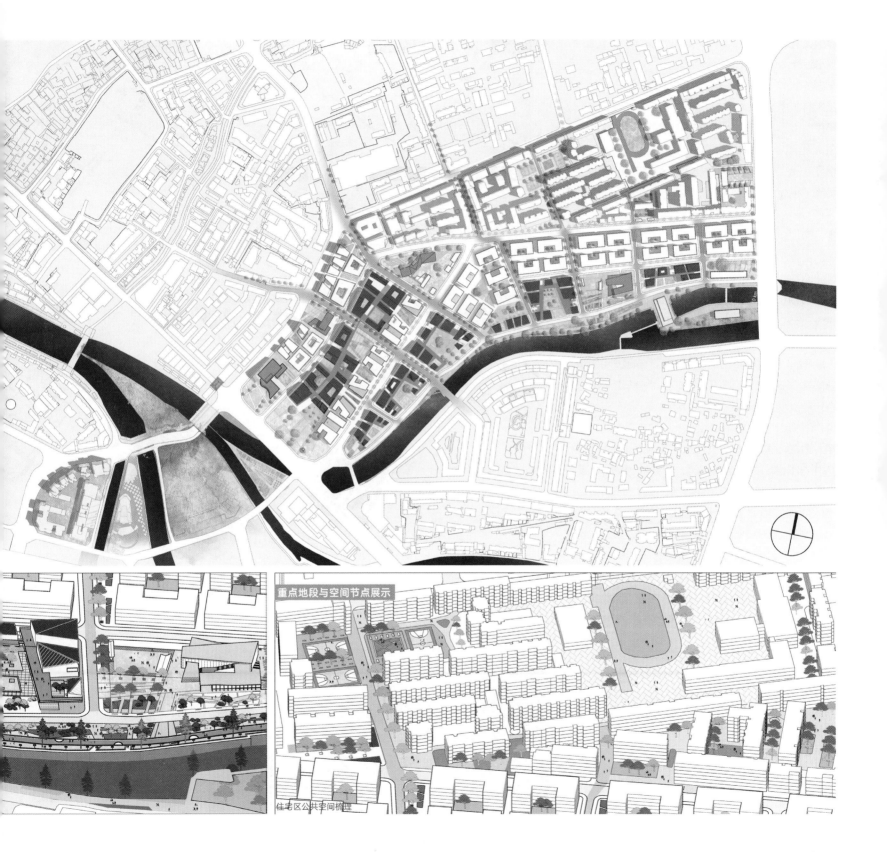

重点地段与空间节点展示

住宅区公共空间梳理

业轨颐人

参赛类别

城市设计

作者

薛丁芃 / 丁金铭

学校

东南大学

指导老师

吴晓 / 巢耀明 / 史宜

奖项

本科铜奖

设计说明

本设计从城市更新、铁轨改造的契机出发，以人的现实需求、未来发展为基础，寻求最适宜的发展方向，以及可实施性最强的落地方案；紧紧围绕铁轨的发展历程和未来潜力，在支撑系统方面，依托于现有轨道提出"云轨单车"的未来出行创新概念，并以此为基础延伸出一系列文化创意和科技创新产业，形成新的现代轨道产业链；在社会人文方面，依托强业缘小区的纽带特色，重塑人群结构，稳固社区邻里关系，塑造扎根当地生活的草根文化氛围；在空间环境方面，围绕棕地更新与资源再生的工业遗产改造，更新置换空间，复兴传统价值。整体实现老牌铁路工业文化的现代产业改造与升级是为"业轨"、人居环境城市空间的修补与再生此为"颐人"。方案设计从现状与背景、机遇总结出发，总结出基地的三大问题，并针对其覆盖的六个系统，分别进行专题研究与功能策划，提出"业轨""颐人"的物质共建和社会人文规划，并构建基于文化的平台，塑造城市文化生活共同体。

①拆改留与三种改造意见
②住区外部改造效果图
③总体工业遗址改造轴测图
④总平面图
⑤云轨调度中心效果图

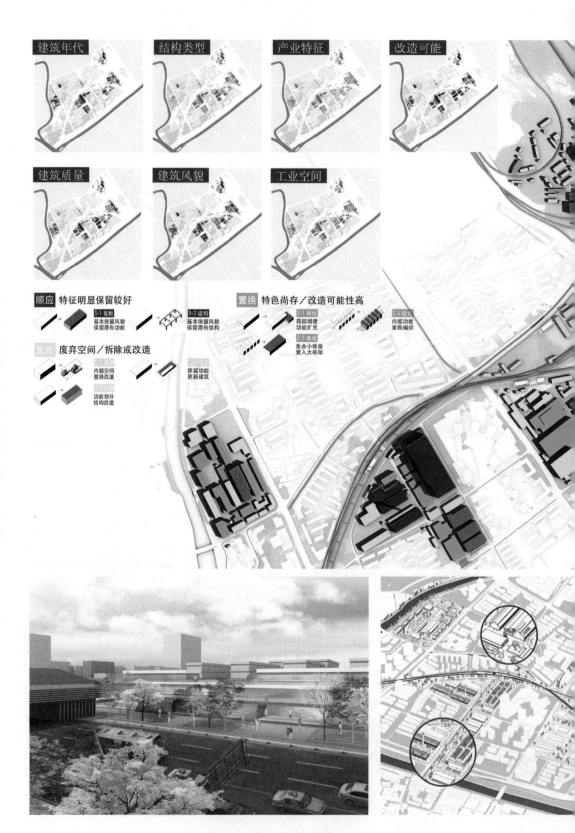

总平面图

住区内部小透视

①住区外部改造效果图
②③住区内部改造效果图
④生态遗址公园效果图
⑤鸟瞰效果图

住区内街小透视

鸟瞰效果图

重塑记忆
——基于城市记忆研究的马台街地段形态更新

参赛类别

城市设计

作者

唐滢 / 宗袁月

学校

东南大学

指导老师

邓浩

奖项

本科铜奖

设计说明

湖南路地段近年来日渐式微，频繁的改建抹去了历史进程中形成的识别特征，使其失去了以往的特色。设计试图在满足经济学需求的前提下，尽可能恢复湖南路地段全历史时期的南京城市记忆。

结合凯文·林奇在《城市意象》中提到的城市五要素，针对湖南路街区特色，通过研究其肌理、街道、功能业态和公共空间，寻找值得恢复的城市记忆，并使其适应于现代城市肌理。

通过对古代、民国时期、20世纪90年代末期有价值的历史进行探寻和追忆，在此基础上提取主要轴线，通过中枢轴线和周边发射系统，构建地块城市记忆体系。

常住居民对城市要素的心理反应，对于重新唤起湖南路地块的活力有着巨大推动作用。方案重塑湖南路的城市记忆，用现存的环境引导过往记忆的复苏，同时打破已经失去潜力的部分，恢复其繁华记忆。

①　②

③　④

①地上地下一体化设计图
②鸟瞰效果图
③分地块导则图
④主要轴线剖面和不同年龄段人群活动示意图

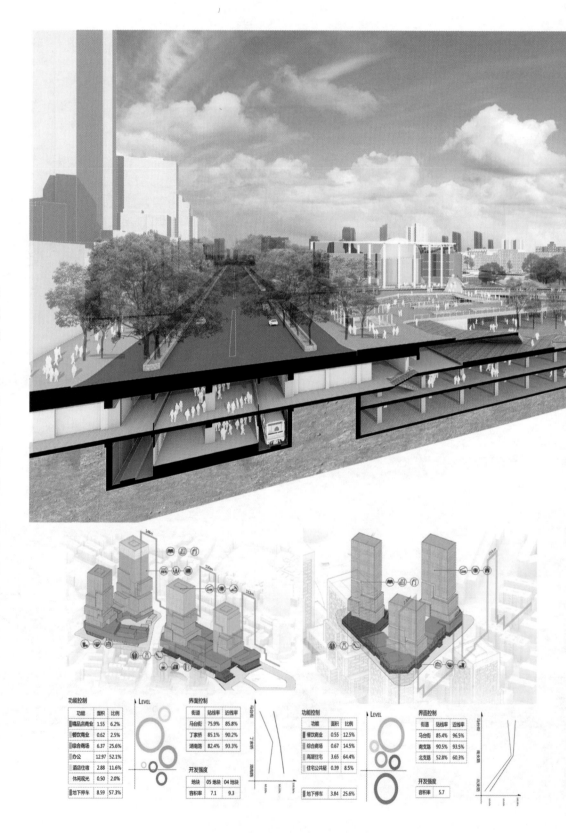

· 民国时期风趣街区
结合原有西流湾街区保护建筑，划分文化、商业、休闲功能，提供跨时代的生活体验。

· 开放生活住区
原有住宅区整合改造，通过置入底层软边界，构建空间，开发私密的生活住区。

· 文化创意园区
以青少年宫为契机，扩大其规模、功能及影响力，提升老城区文教水平。

· 城区自然公园
以自然景观为主，为周边居民提供亲近自然的活动场所。

· 城市休闲广场
结合规划建设中的湖南路地下商业街出入口，建设城市休闲广场，使之成为人流聚集点，促进各类人群交流。

· 步行精品商业街区
以湖南路商圈特色精品店商业为主，辅以咖啡茶座等，提供舒适的购物"一条龙"服务。

· 精英商务区
以高层办公、洽谈、商务为主。高层建筑中置入活动层，提供工作闲暇之余的休闲、观景空间。

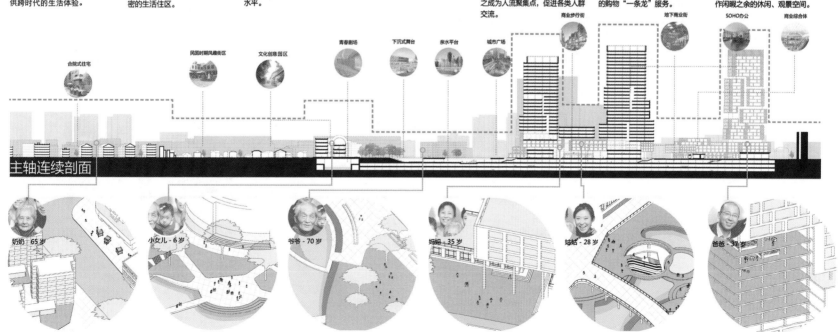

重塑记忆
——基于城市记忆研究的马台街地段形态更新

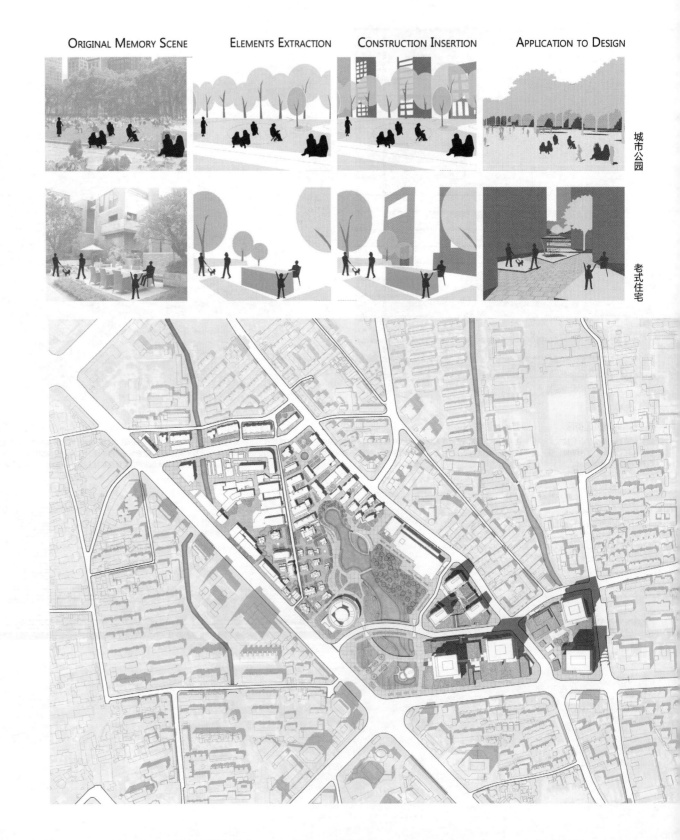

ORIGINAL MEMORY SCENE　ELEMENTS EXTRACTION　CONSTRUCTION INSERTION　APPLICATION TO DESIGN

城市公园

老式住宅

①记忆场景重塑
②总平面图
③节点尺度城市表现图

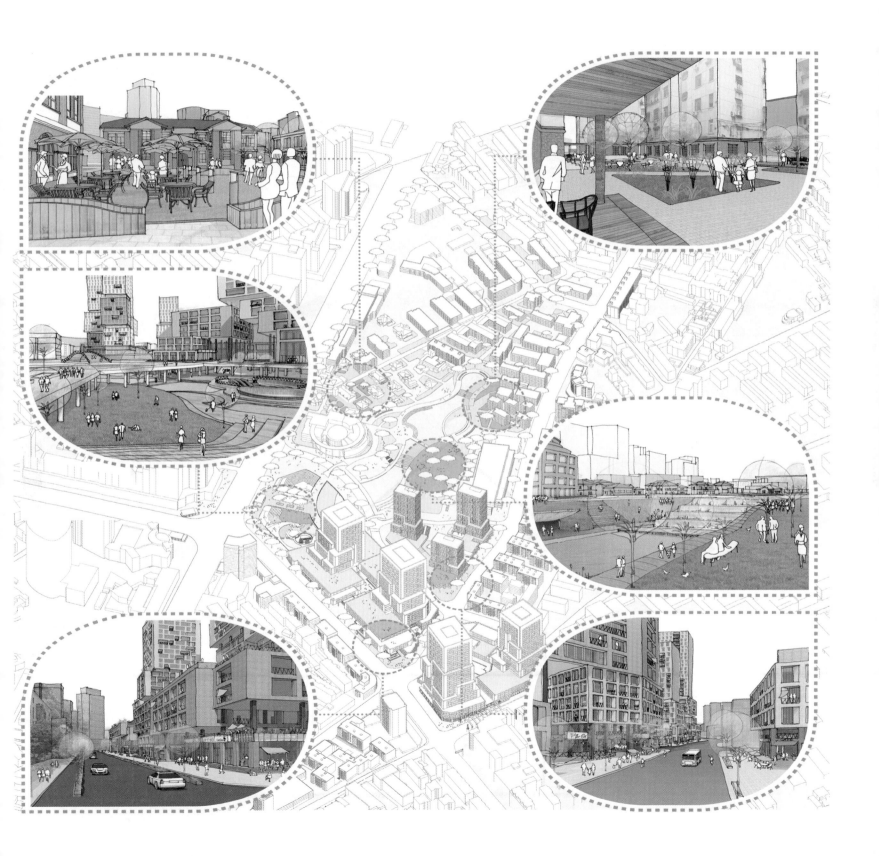

曲径流径
——小西湖历史风貌保护与复兴

参赛类别

城市设计

作者

张彧恒 / 陈俐蓓 / 胡侃

学校

东南大学

指导老师

邓浩 / 沈旸

奖项

本科铜奖

设计说明

本次设计针对南京老城城南仅存的历史风貌——小西湖社区（以东北角片区为重点样本）进行历史风貌的保护与复兴研究，意图确立一种"小规模、渐进式"的、有别于老城南其他区域推倒重来式改造的设计原则。先期通过细致的实地调研走访，寻找突出而确实存在的问题，继而在上位规划研究、居民意愿调查、历史格局探讨以及场地潜力发掘的过程中，寻找改造设计的契机与可能性。我们的设计从让居民更好、更优雅地生活出发，不囿于简单的居所改造，而是着眼于梳理街巷格局，重塑内部社区生活——朱雀里的活力，给予居民回归传统街巷生活的途径，同时让改造的居所适应新形势下的居民生活需求和社会发展需求。设计采用老元素、新手法重新诠释老城南的历史风貌，使之成为继承历史文化精华又得到升华提高的"新城南"。最终，相辅相成的两者——就自身而言的社区凝聚与街巷生活的重塑、就外界而言的自我成就与社会参考价值，均归于老城区街巷肌理与历史文脉的复兴，故曰"曲径流径"。

①房·坊 现状及改造说明
②③设计效果图

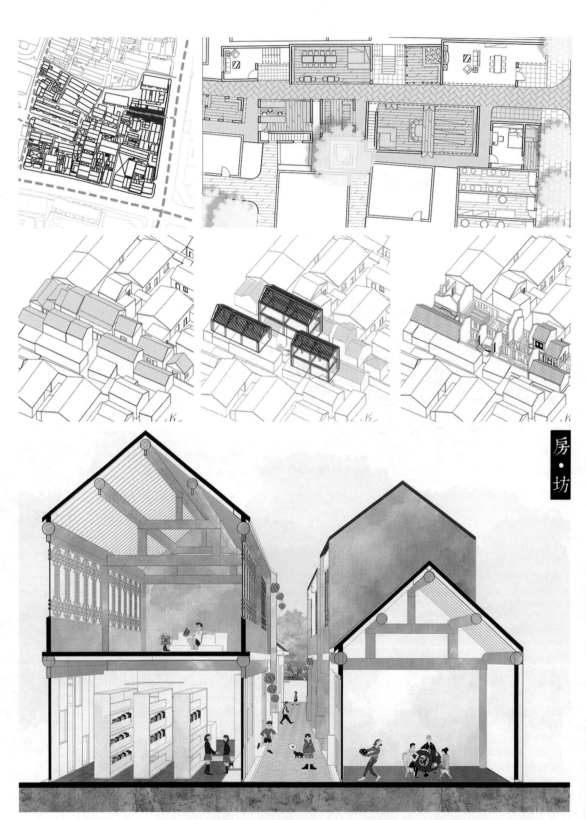

曲径流径
——小西湖历史风貌保护与复兴

北

桃柳巷
承雀巷
桃柳巷
朱雀裏
朱雀裏
朱雀裏
朱雀裏
藏书巷
宜遊巷
歸井巷
木雀裏
木雀裏
箍桶巷

馬道街

① ③
② ④

①禽·情 现状
②社区总体改造平面图
③改造后轴测图1（局部一层）
④设计效果图

2047年的垂直乌托邦
——重庆沙磁片区未来城市空间设计

参赛类别

城市设计

作者

黄银波 / 赖惠杰 / 危昭婷 / 何唯 / 吴鸣

学校

华南理工大学

指导老师

周剑云 / 戚冬瑾 / 陈坚

奖项

本科铜奖

设计说明

本方案首先分析了重庆的空间特征,提取其垂直性和公共性要素,引入乌托邦概念后,加入了未来性的要素,基于垂直、未来、公共三个要素对场地未来的城市空间设计进行了一次探讨。

在概念和设计原则指导下,结合对道路交通、公共空间和景观系统的梳理,完成概念性总体设计,并进一步转化为形态导则指引建设。由于本次设计是规划、景观、建筑三个专业合作完成,因此还包括建筑与景观的节点深化设计(在导则的指引控制下完成)。

我们希望为大家展示一个层次错落的未来重庆,从中可以看到三维的立体交通、公共空间和景观体系,这一切来源于现实中重庆的城市垂直空间特征与独特的公共性。

此外,本设计还寄托了我们的愿景:重庆直辖市设立50年,即2047年,重庆将成为高强度开发的大都市,我们希望那时人们依然拥有自然生态景观和丰富的空中景观。工作之余,人们可以去垂直农场种田、摘菜;闲暇时,可以彼此串门,唠唠家常……

在未来的2047年城市空间中,人们将看到1997年乃至更遥远的过去。而这一切,都源自于2017年的一次城市狂想。

①景观节点设计(空中花园和滨水码头)
②③系统分析图-景观结构
④建筑节点设计(滨水建筑群)
⑤⑥公共空间局部透视图

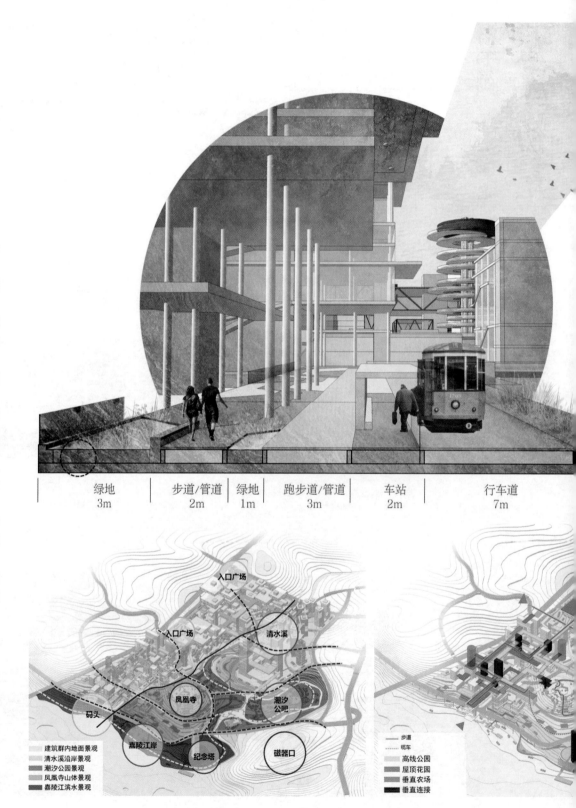

| 绿地 3m | 步道/管道 2m | 绿地 1m | 跑步道/管道 3m | 车站 2m | 行车道 7m |

2047年的垂直乌托邦
——重庆沙磁片区未来城市空间设计

① 小透（公共空间）
② 小透（空中街道）
③ 总平面图
④ 轴测效果图
⑤⑥ 建筑节点设计（山地建筑群）
⑦ 建筑节点设计（滨水建筑群）

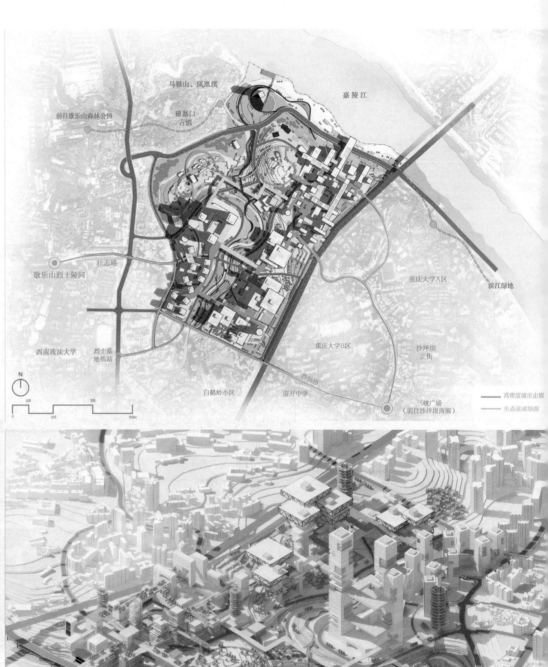

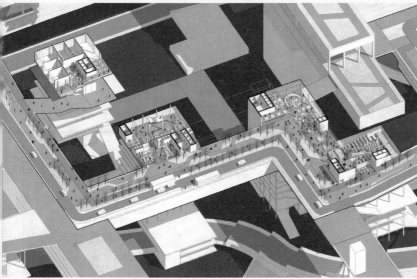

织补秦川·缝合幸福
——西安市幸福林带地区秦川厂更新规划设计

参赛类别

城市设计

作者

李建智

学校

西安建筑科技大学

指导老师

陈超 / 林晓丹

奖项

本科铜奖

设计说明

基地位于陕西省西安市东郊军工城的秦川厂。西安秦川厂是中华人民共和国成立之初的军工城厂区之一，保留了丰富且深厚的军工文化记忆。基地毗邻幸福林带这一重要的生态廊道。在当前军工企业寻求转型和城市双修建设要求下积极应对，把握基地的工业特色优势提升土地价值，打通西安东郊的生态廊道，修补原有的绿廊，使其作为城市中心区焕发出应有的活力，是本案设计的目标。方案通过"三层次"（结构修补、职住衔接、遗产复兴）、"五策略"（共融、共享、共兴、共治、共通）打造集特色商务办公、绿色休闲为一体的生态宜人之所、智能低碳之地、幸福活力之城。对于原有的工业遗产，采取功能置换、景观再造等手法，保留厂区原有植被，结合上位规划，在地块东部和西部进行合理的高强度开发，内部打造工业景观湿地公园，实现地块共融、多元的功能整合。

①节点1：幸福嗨城
②鸟瞰图
③效果图
④节点4：军工记忆馆

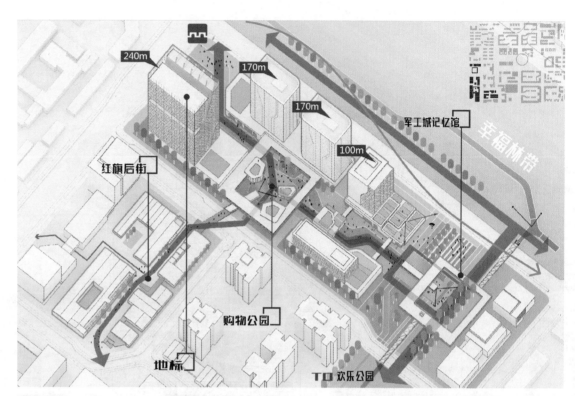

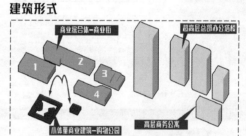

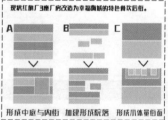

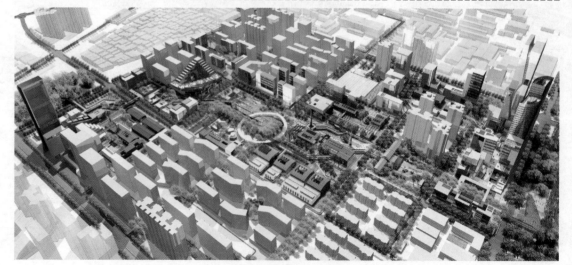

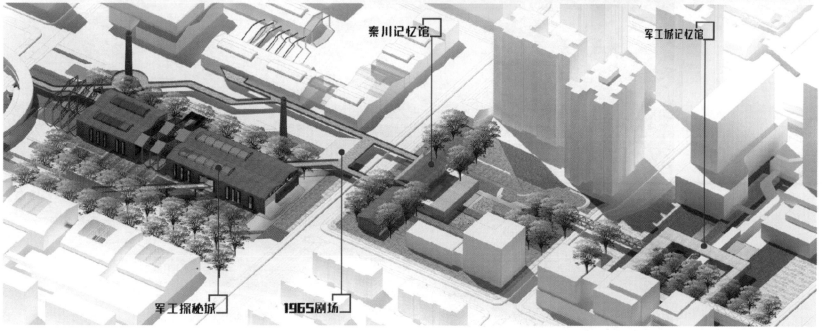

织补秦川 · 缝合幸福
——西安市幸福林带地区秦川厂更新规划设计

①
③
②

①策略3：共兴——工
业遗产
②策略4：共治——韧
性景观
③核心区总平面图

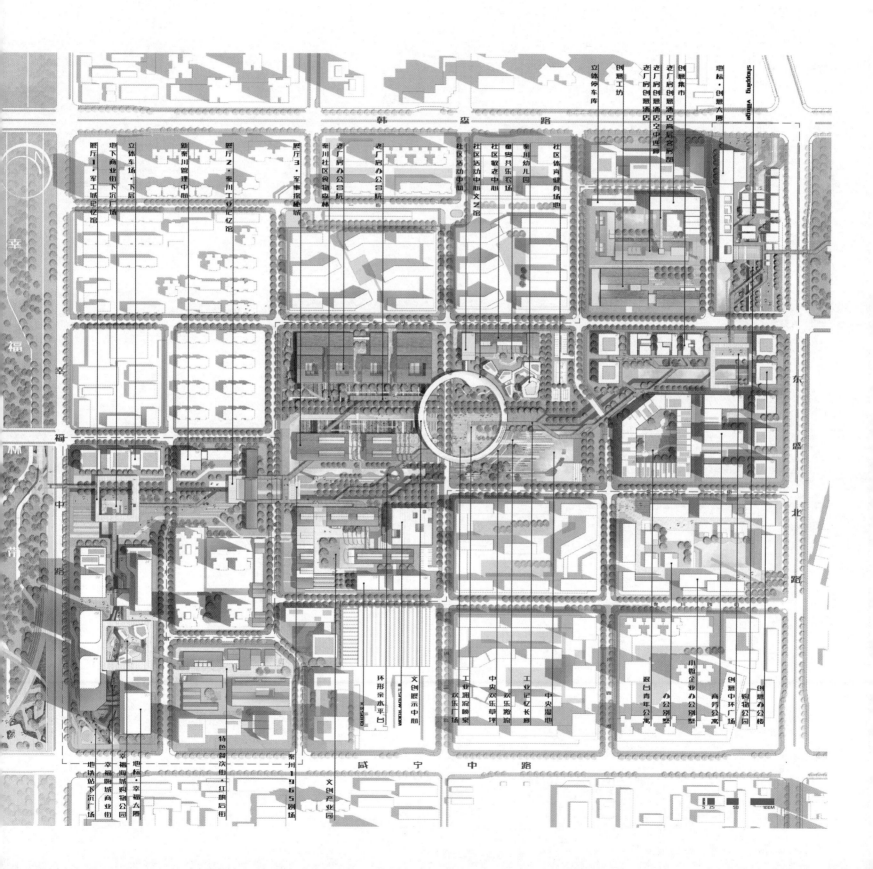

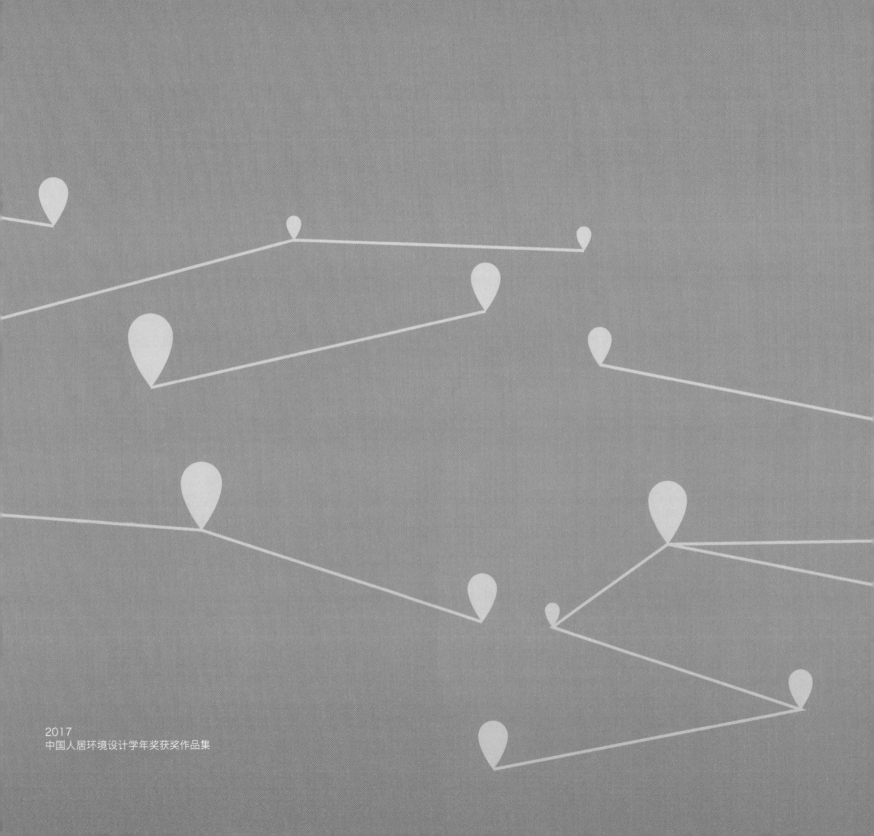

2017
中国人居环境设计学年奖获奖作品集

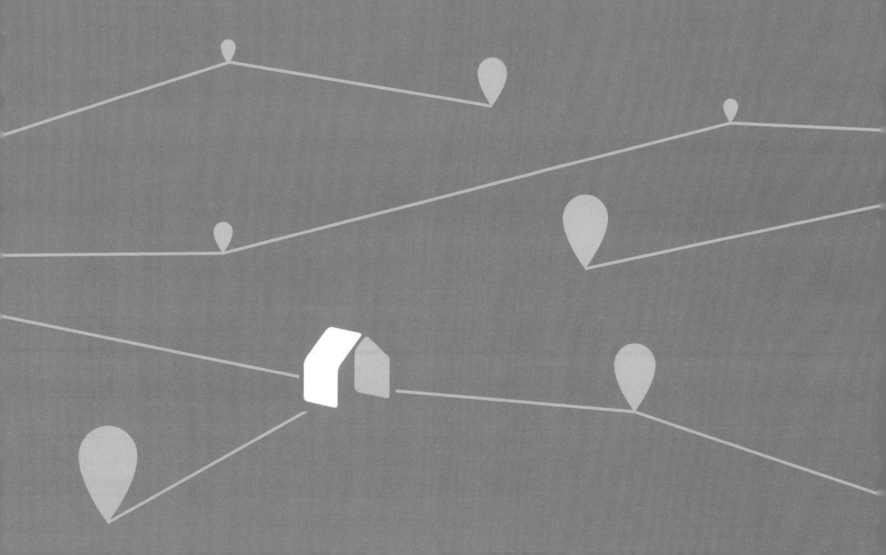

建筑设计组
Architectural Design Category

十年树木，百年树人

参赛类别

建筑设计

作者

沙越儿 / 林涌波

学校

重庆大学

指导老师

孙天明

奖项

本科金奖

设计说明

本方案为重庆市某高校学院楼改造设计，该楼建造于1982年，许多房间闲置不用利用率低。我们希望通过改造提高该学院楼的使用率，并将其建设成一个历史与人文交融、有利于师生交流的场所。该高校位于重庆市区，其校园环境的历史氛围　浓厚。我们认为，历史文化传承性是大学校园环境的基本属性，所以在学院楼改造过程中，提炼出校园环境的重要文化载体与历史意象——黄桷树，在城市文化、校园精神、空间氛围、时间延续等四个方面重塑校园环境的历史氛围，延续大学的精神传统，解决原学院楼建设中的文化危机。

我们强调对周边环境的尊重、城市历史的记录、校园历史的继承和校园精神的传承与发扬，将具有历史意义与文化特点的要素以建筑形式融于校园环境之中，致力于营造文化特点鲜明、历史氛围浓厚的教学空间。

①博士生学习空间效果图　④剖视图

②行政办公空间效果图　⑤日景立面效果图

③阅览室效果图　⑥南立面图

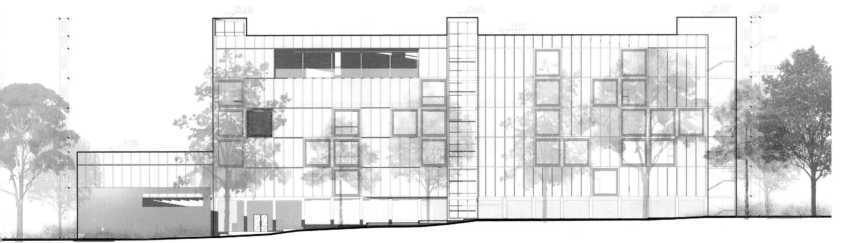

十年树木，百年树人

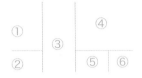

①树的现状调研图
②西立面图
③讲师办公空间效果图
④中庭书吧效果图
⑤行政走廊效果图
⑥教授办公空间效果图

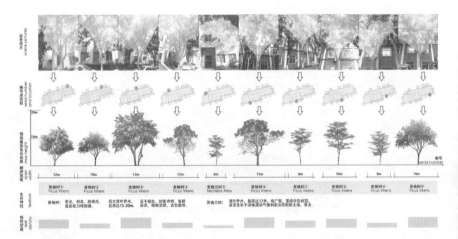

四季屋

参赛类别
建筑设计
作者
王奕阳 / 张圆
学校
东南大学
指导老师
张弦 / 徐小东
奖项
本科银奖

设计说明

在电影《黑镜》中，有这样一个场景，人们生活在一个个由LED屏幕围合而成的小屋子里，LED屏幕上显示的画面告诉人们外界的时辰是清晨还是夜晚。那里的生活非常便捷，但是人们再也无法感受到真实的光线与日照。

太阳的能量让人的视觉、听觉与嗅觉变得灵敏，阳光使自然界丰富多彩。每一个季节，有不同颜色的花果蔬菜；一年四季，有不同时令的色彩搭配。在本案中，我们重新思考了太阳能的作用，用心体会人与自然的关系，试图彰显绿色与生命的地位。

在方案中，我们将大自然的四季生态循环与人的活动循环联系在一起，设计了植物步道环绕人的基本生活区的空间模式，使用主结构围合基本生活空间，从主结构上"吊"下来的次结构"吊着"自由活动空间。在一年的时间里，建筑的空间形体为植物的生长、采摘、储藏提供了可能性。木栈道形成了采摘的流线，木结构构件为冬季的食物提供了储藏空间。

植物的生长与建筑的空间紧密相结合。

我们设计的四季屋面积虽然很小，但是我们想把它作为一个感知、体验的场所来唤醒人们内心亲近自然的渴望。

①轴测拆解图
②能源利用图
③剖透视＋构造图
④连续立面展开图

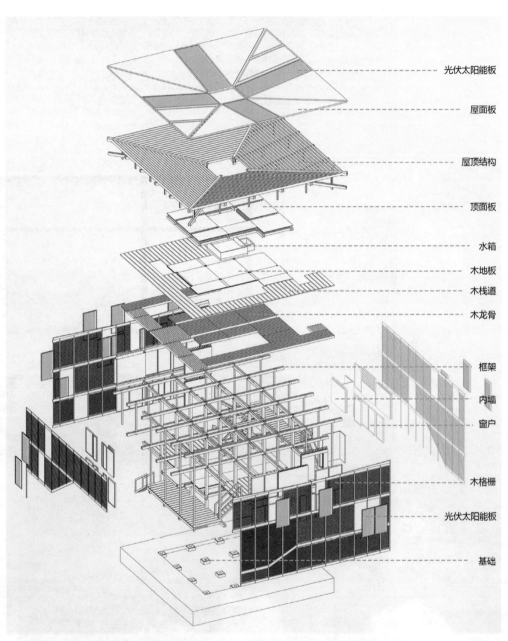

光伏太阳能板
屋面板
屋顶结构
顶面板
水箱
木地板
木栈道
木龙骨
框架
内墙
窗户
木格栅
光伏太阳能板
基础

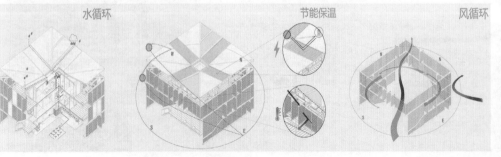

水循环　　　　　节能保温　　　　　风循环

20厚木地板
5厚防水层
20厚复合保温层
5厚隔气层
20厚环保木面板
180厚木檩条

30厚透明光伏板
200厚木檩条
18厚保温层
10厚铝箔TBL防水卷材
40厚复合EPS保温板
5厚隔气层
20厚木垫块找平层
18厚环保胶合板
180厚木檩条

18厚饰面木板
30厚间层
100厚复合保温层
30厚间层
18厚饰面木板

20厚木地板
40厚保温防潮层
100厚檩条结构层
140厚隔气层
60厚结构层

四季屋

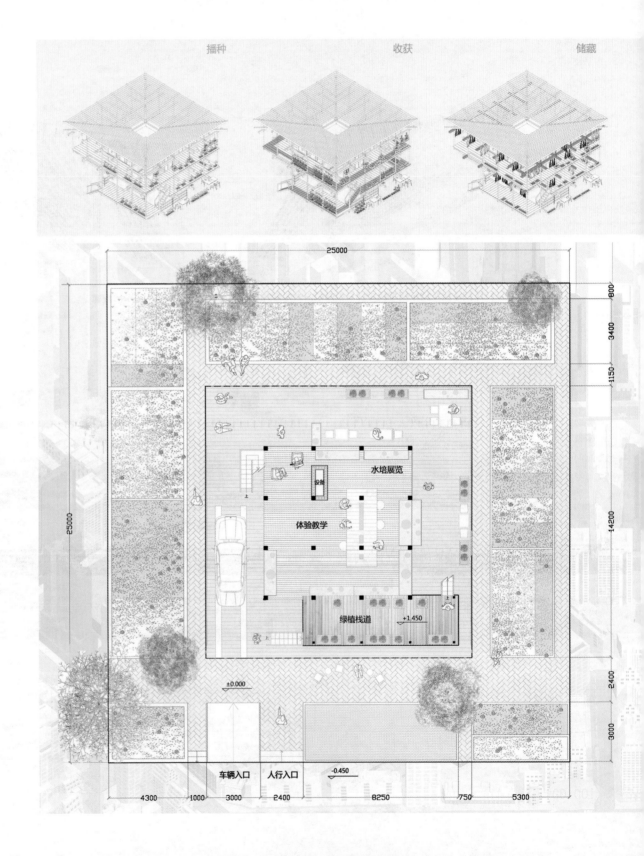

播种　　　　　　　　收获　　　　　　　　储藏

水培展览

体验教学

绿植栈道 +1.450

±0.000

-0.450

车辆入口　人行入口

①自然循环分析图
②一层平面图
③④渲染图

SPRING

SUMMER

窥园
——南昆山十字水小茶坊设计

参赛类别

建筑设计

作者

陈凯彤

学校

广州美术学院

指导老师

许牧川 / 陈瀚

奖项

本科银奖

设计说明

本作品是为南昆山十字水手工茶而设计的乡野旅游场所。"窥"是行为体验，"园"是由六个兼顾茶工艺制作的茶室单体建筑组合构筑的一个小茶村。本设计试图探索知觉与空间共同构筑场地的可能性，通过建立人的知觉感受与空间、环境之间的关系，关注人在空间中独特存在的意识和感知，提供内外空间的独特体验，促使游客与场所发生互动产生共鸣。

我们以建筑现象学为设计依据，以知觉感受和场地精神为空间存在的基本条件，在空间中强调人的体验。在考察基地影影绰绰的毛竹林后，我们抓住场所发生的原始知觉感受，即"隐谧"与"好奇"、"窥视"和"探行"。提取"窥视"的知觉行为作为连接人与建筑空间的关系媒介，展开"窥视"情境体验空间的有序设计。然后，将"窥视"转译为建筑构成元素，转译为内外视窗、界面之间、空间组织和场景互动，并利用当地的茶旅游资源，介入"窥视"的概念。窥视是"之间"的两种关系存在。设计以低姿态的方式介入乡野生活，让茶工艺展示尽量保持原汁原味，同时又对游客的视觉体验加以引导，促使他们与建筑与茶产生互动。

①晾茶坊概念效果图
②晒茶坊概念效果图
③路径节点、情境体验
④整体布局、鸟瞰图
⑤剔茶坊立面图

① | ② | ④
③ | ⑤

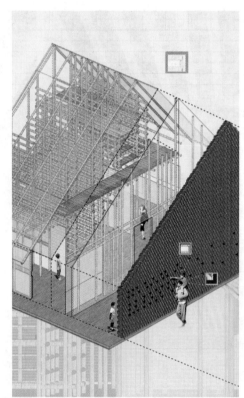
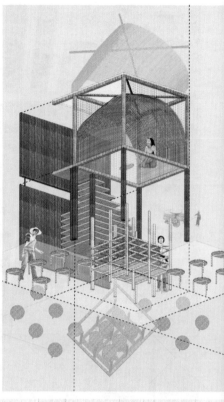
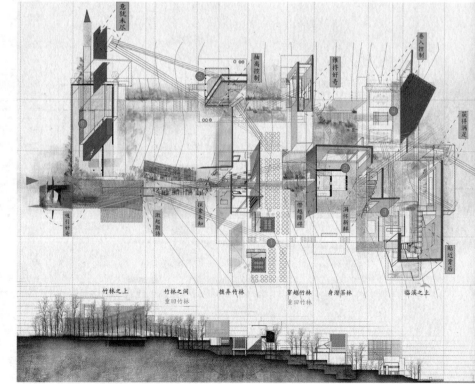

窥园
——南昆山十字水小茶坊设计

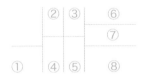

①晾茶坊平面图
②剔茶坊概念效果图
③去青坊概念效果图
④揉茶坊概念效果图
⑤压茶坊概念效果图
⑥去青坊立面图
⑦晒茶坊立面图
⑧晾茶坊立面图

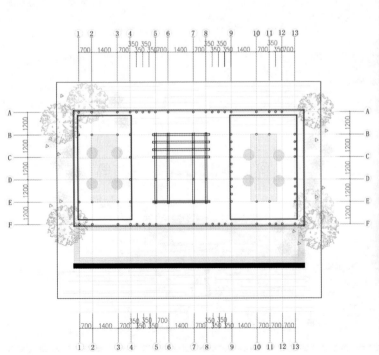

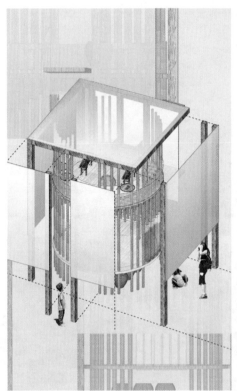

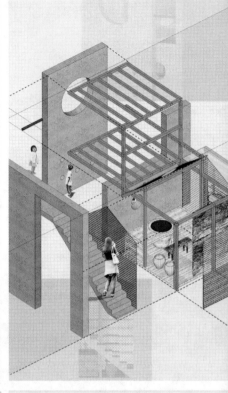

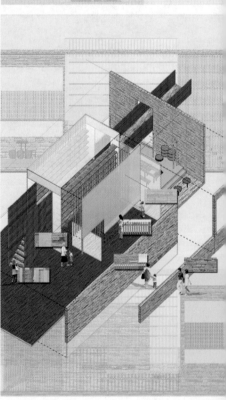

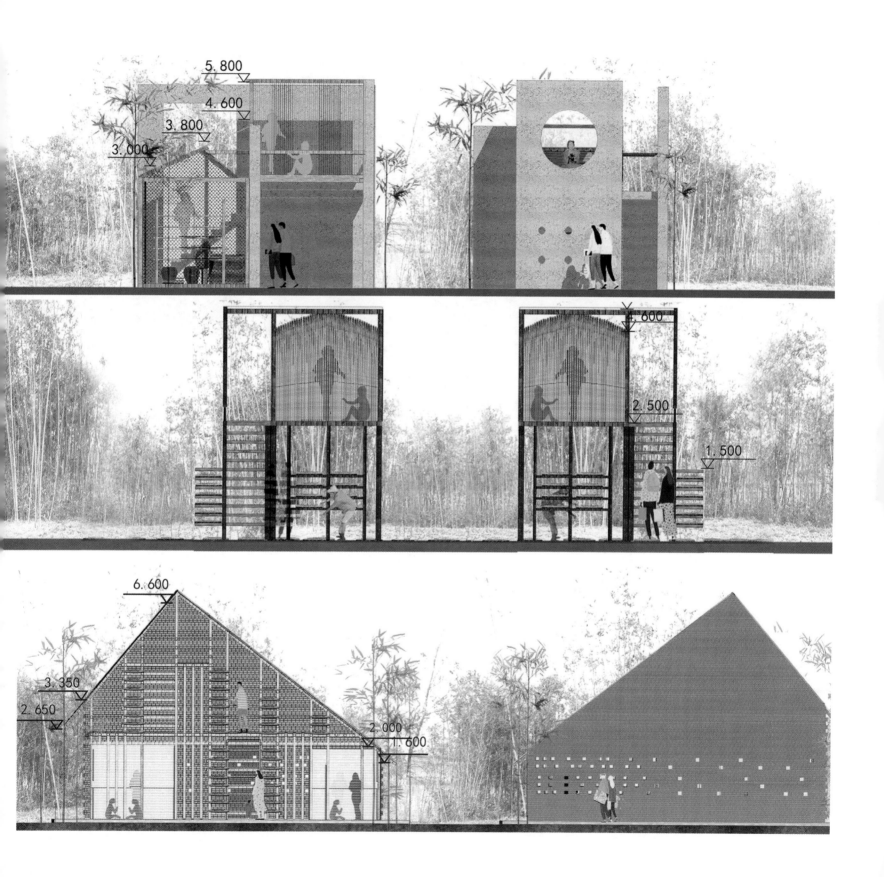

基于熟人社会自发生长的商业形态社区

参赛类别

建筑设计

作者

曹宇锦 / 米宇 / 陈胤徽 / 苏禾 / 张洁

学校

华中科技大学

指导老师

彭雷

奖项

本科银奖

设计说明

汽发社区是武汉市原汽轮发动机汽车厂的工人住区，是20世纪50年代至70年代末现代城市化理论规划指导下建设的单位大院。在汽发社区中，熟人社会正逐渐瓦解，租户与原住民没有交流，且两者同为弱势群体，缺乏社会认可，居民的幸福感正下跌。我们希望重新激活社区记忆、重塑熟人社会，修补生活空间形态，激活历史文化。

通过对社区的调研，我们发现了在汽发社区的熟人社会中自发形成、弥合修补、在亲切尺度里自下而上成长出来的商业形态，我们通过一系列空间修补策略的介入来引导这种商业自由生长出来。同时，商业活动周围经常有较多公共社交活动发生，可以同时激发社区公共社交活动的可能性。

从宏观规划层面上，以线为主，点、面为辅；微观层面上，我们针对原有建筑增加了一些可变装置，且考虑了其可实施性。当物质生活有了保障，汽发社区中的人们能自给自足；当公共生活逐渐丰富，他们的幸福指数也逐渐上升。这种社区中自由生长的商业形态也是对现有封闭小区纯粹提供住房需求、却鲜有商业形态的乌托邦构想的反击。我们希望汽发社区最终能够成为自给自足并能供应城市的发展和需求的社会体系，从而实现个人、社区、城市的尊严。

①次街改造轴测图　　③微菜场效果图
②设计整体规划　　④微菜场剖透视图

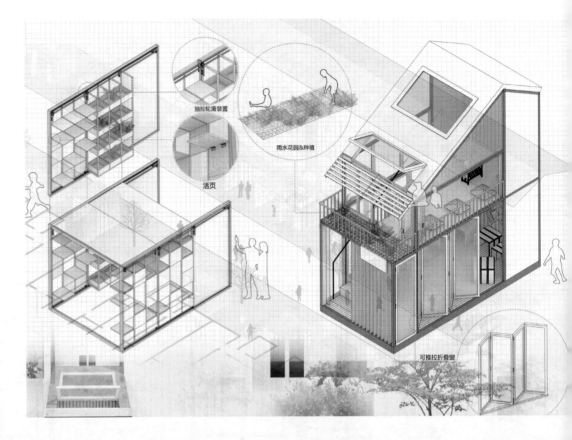

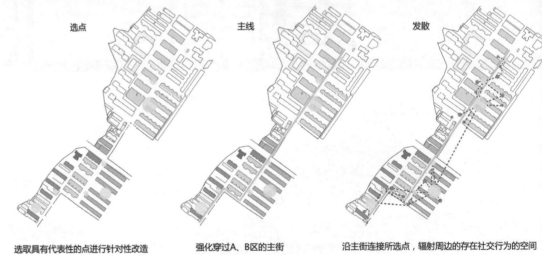

选点

主线

发散

选取具有代表性的点进行针对性改造

强化穿过A、B区的主街

沿主街连接所选点，辐射周边的存在社交行为的空间

①　③

②　④

基于熟人社会自发生长的商业形态社区

①次街改造平面图+功能分析
②杂货铺效果图
③次街效果图
④主街小吃店效果图
⑤场地轴测图
⑥主街小吃店效果图

平面图（完全折叠、半打开及完全打开三种状态下）

前店后居   商居混合   商居分离

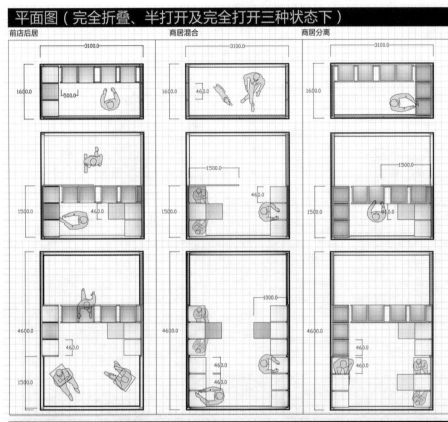

功能分析

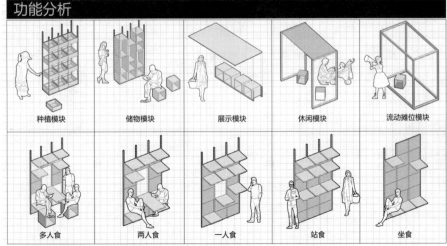

种植模块   储物模块   展示模块   休闲模块   流动摊位模块

多人食   两人食   一人食   站食   坐食

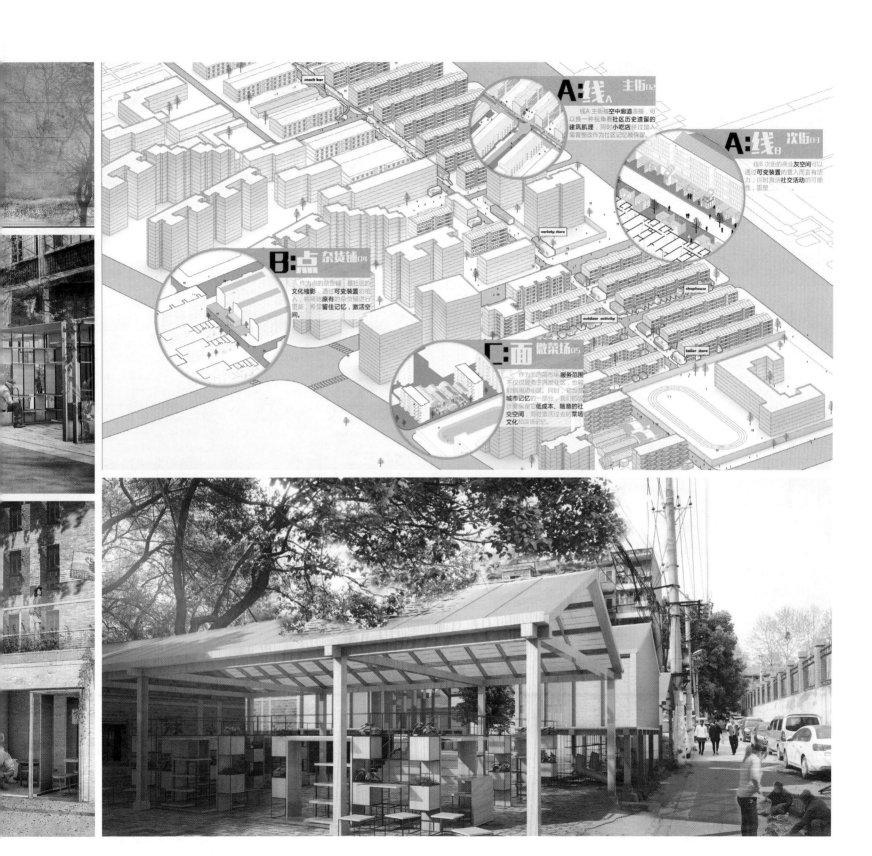

A:线A 主街02

线A 主街被**空中廊道**连接，可以换一种视角看**社区历史遗留**的建筑肌理，同时**小吃店**经过加入装置整改作为社区记忆被保留。

A:线B 次街03

线B 次街的商业**灰空间**可以通过**可变装置**的置入而富有活力，同时激活**社交活动**的可能性，重塑。

B:点 杂货铺04

作为点的杂货铺，提社区的文化缩影，通过**可变装置**的植入，将场地原有的杂货铺进行更新，希望留住记忆，激活空间。

C:面 微菜场05

作为面的菜市场**服务范围**不仅仅服务于周发社区，也辐射制周边小区，同时，它也是**城市记忆**的一部分，我们的设计要保留它**低成本、随意的社交空间**，同时激活过去的菜场文化和菜场记忆。

建筑分镜与未知
——社区文教中心迁址新建设计

参赛类别

建筑设计

作者

韩佳秩

学校

苏州科技大学

指导老师

陆进良

奖项

本科银奖

设计说明

本设计为迁址新建的江苏省苏州市高新区文教中心，原址建筑存在使用空间不足、缺少交流空间、车行拥堵等问题，儿童与青少年缺乏良好的学习环境和交流氛围，故新址选在高新区邓蔚路与滨河路的交汇处，靠近地铁站出入口。本次设计从周边环境和建筑需求入手，创造了舒适的学习环境和交流空间。

①
② ⑤
③
④

①建筑表皮模型光影分析图
②建筑体量的生成过程
③建筑剖面图
④建筑的东立面图、南立面图
⑤建筑轴测表现图

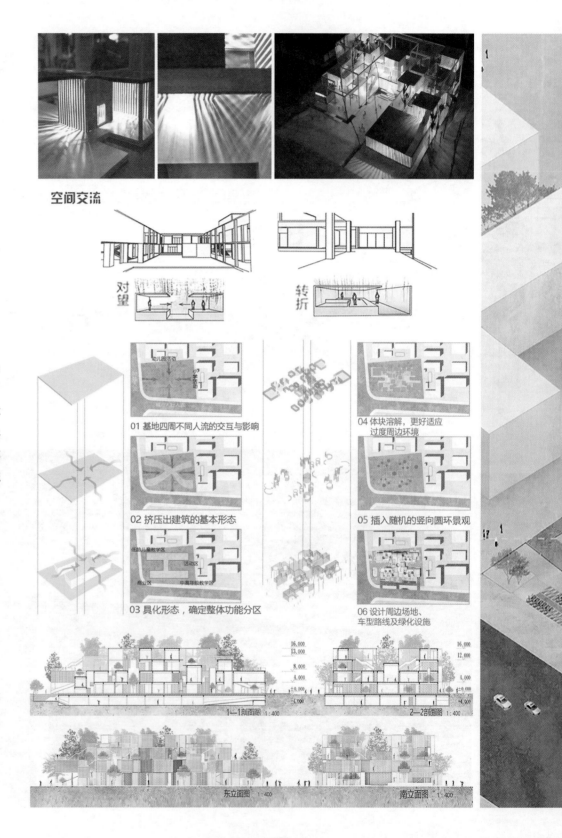

空间交流

对望　转折

01 基地四周不同人流的交互与影响

02 挤压出建筑的基本形态

03 具化形态，确定整体功能分区

04 体块溶解，更好适应过度周边环境

05 插入随机的竖向圆环景观

06 设计周边场地、车型路线及绿化设施

1—1剖面图 1:400

2—2剖面图 1:400

东立面图 1:400

南立面图 1:400

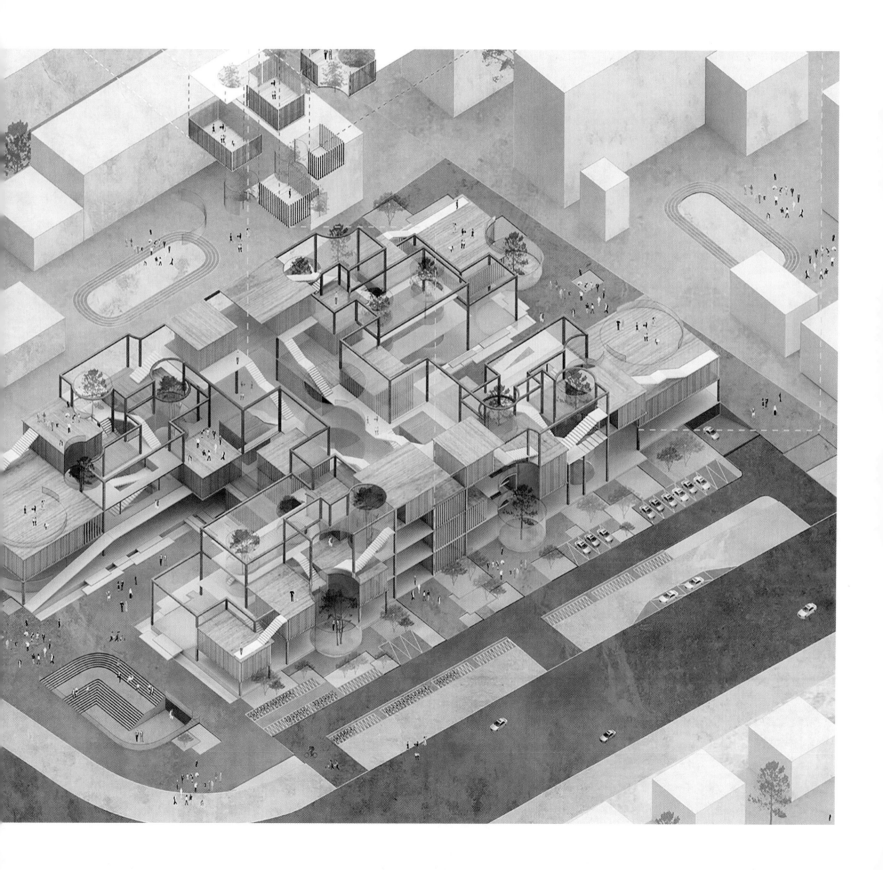

建筑分镜与未知
——社区文教中心迁址新建设计

①建筑手绘表现图
②建筑夜景表现图
③建筑楼梯构架
　展示图
④建筑构架表现图
⑤建筑模型照片
⑥建筑轴测爆炸图

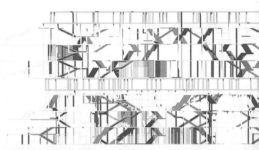

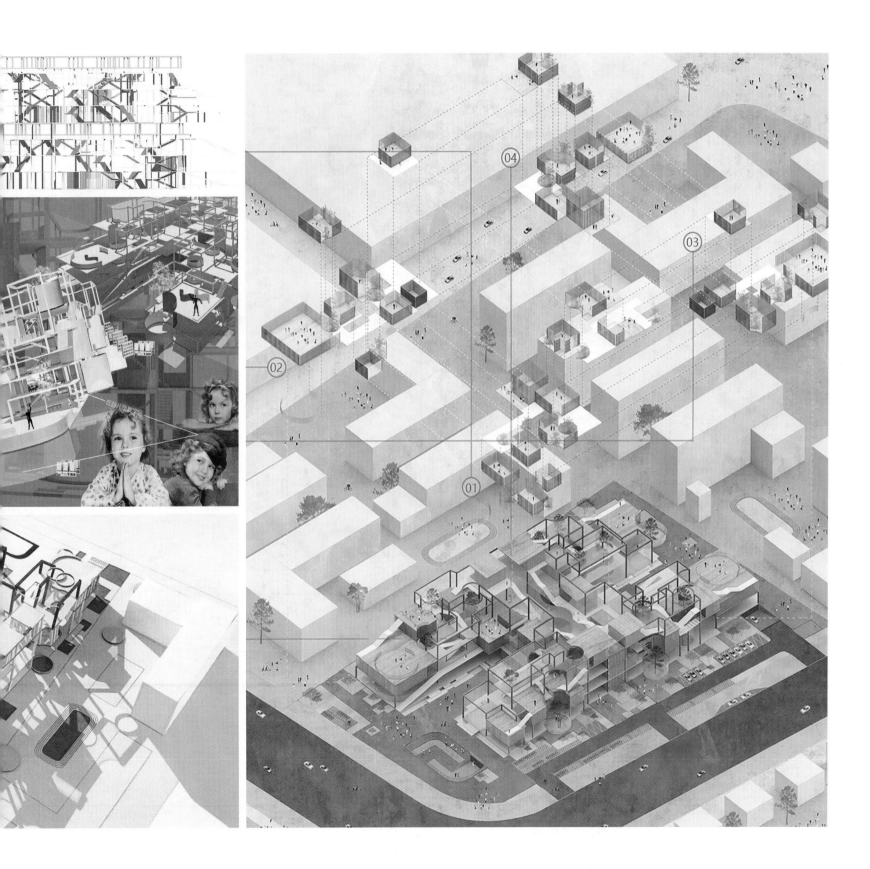

裂变
——高星级酒店设计

参赛类别

建筑设计

作者

王宗祺 / 咸悦

学校

北京交通大学

指导老师

盛强

奖项

本科铜奖

设计说明

本次设计以塑造不同的公共空间为出发点，希望可以满足客人多样化的空间需求。根据星级酒店客源的构成，按照不同的消费能力和生活习惯，设计将酒店空间划分为三类：常规区域、商务区域和高级套房区域。其中，客房类型不同，同时对公共空间也有不同定义。常规区域通过L形体量围合成院，"大院子"是公共空间。商务区通过屋面起伏形成"裂缝"，为住客提供面向自然的公共空间。高级套房区域更强调私密性，以私家庭院的方式提供开放空间。

①分解轴测图
②总统套房及豪华套房分析图
③A—A剖面图和48m标高平面图
④酒店选址分析图
⑤剖切轴测图
⑥功能流线分析图

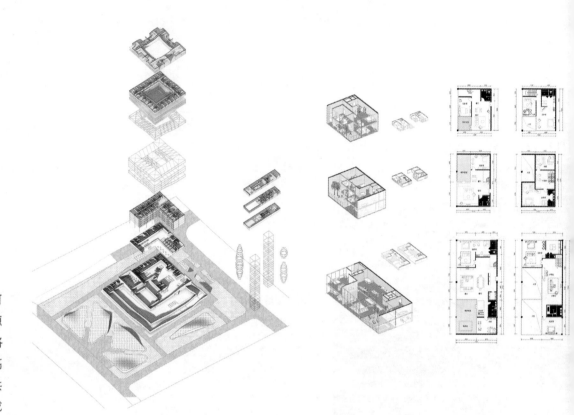

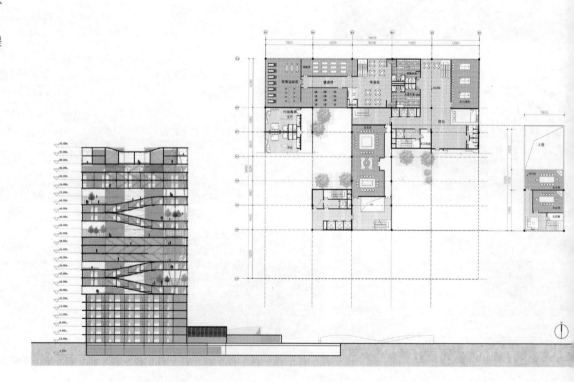

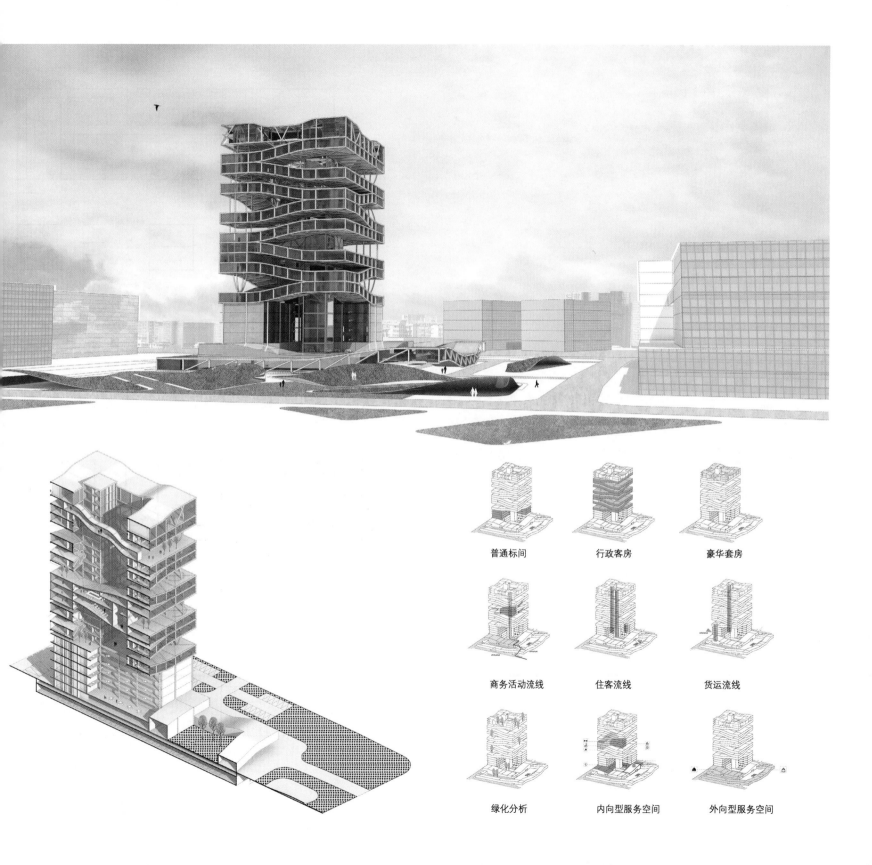

普通标间　　　　　　行政客房　　　　　　豪华套房

商务活动流线　　　　住客流线　　　　　　货运流线

绿化分析　　　　　　内向型服务空间　　　外向型服务空间

裂变
——高星级酒店设计

①酒店选址分析图
②二层平面图
③3~6层标准层平面图
④首层平面图

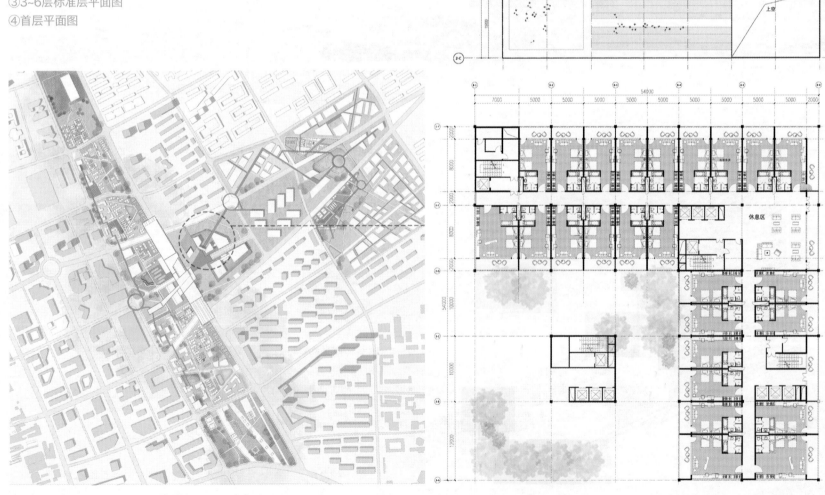

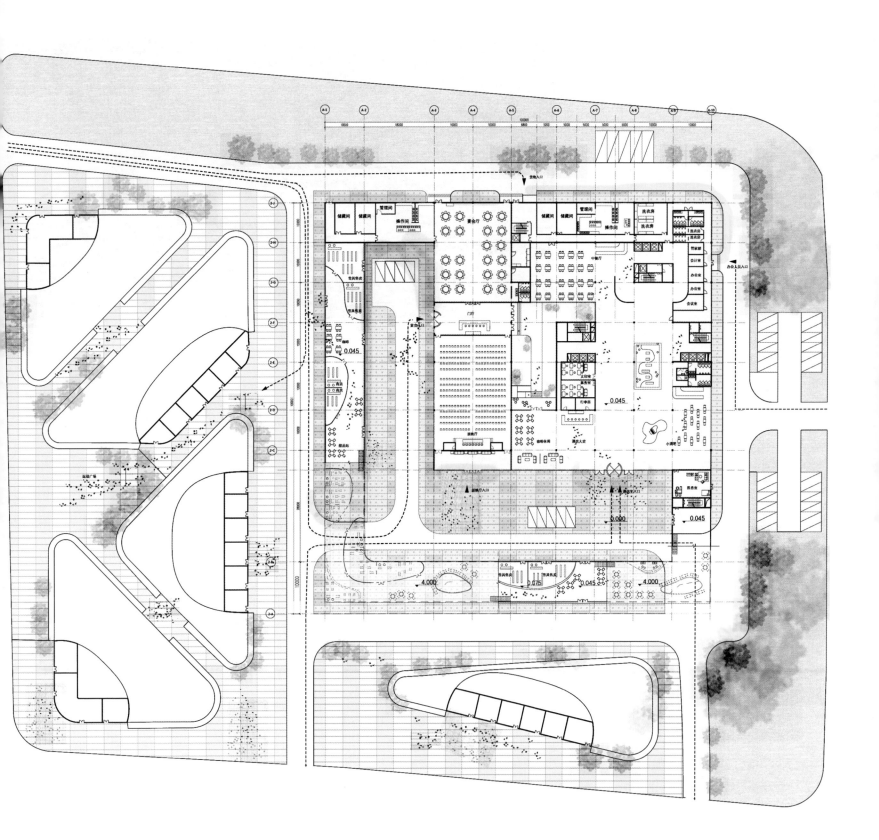

前工院中庭改造
——热力学异形体

参赛类别

建筑设计

作者

王明荃 / 陈斌 / 张嘉新

学校

东南大学

指导老师

张彤 / 石邢

奖项

本科铜奖

设计说明

设计对象为东南大学四牌楼校区前工院中庭。前工院目前的使用对象为全体本科生和部分研究生，部分教室作为公共课教室。考虑学院的发展，为更好地满足教学和日常使用需求，我们对前工院进行了改造设计。本设计的出发点有以下两个方面。

（1）功能需求。通过前期调研和分析，我们认为前工院现状缺失五种功能：评图讨论区、多功能活动区、作品展示区、模型工作区、景观休闲区。本设计通过中庭空间的加入，置入这五种新的功能，激发原有教室的活力。

（2）性能需求。为了形成有利于有效采光遮阳和通风的形体，我们通过一系列性能模拟引发形式操作，并探索使用被动式节能的可能性。

通过功能和性能两个方面的综合设计，得到了最终设计成果。

①效果图
②技术策略
③改造前后剖透视图（南北向剖切）
④剖透视图（东西向剖切）

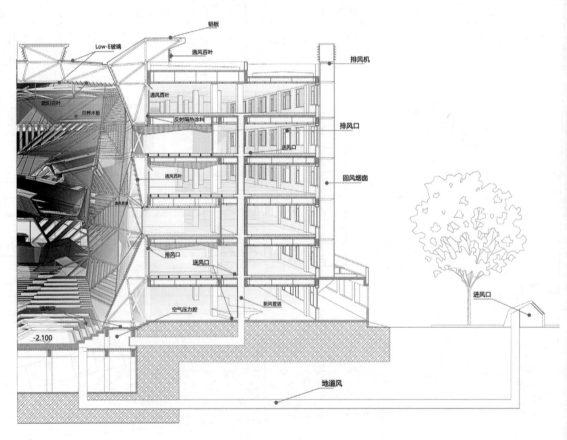

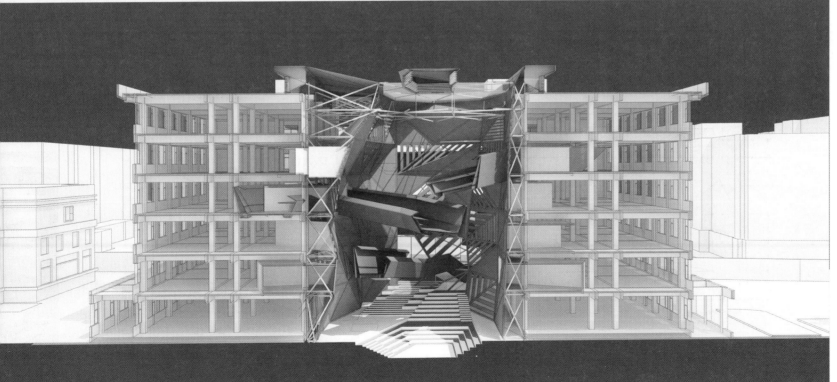

前工院中庭改造
——热力学异形体

①立面图
②③④各层平面图
⑤室内效果图
⑥中庭效果图

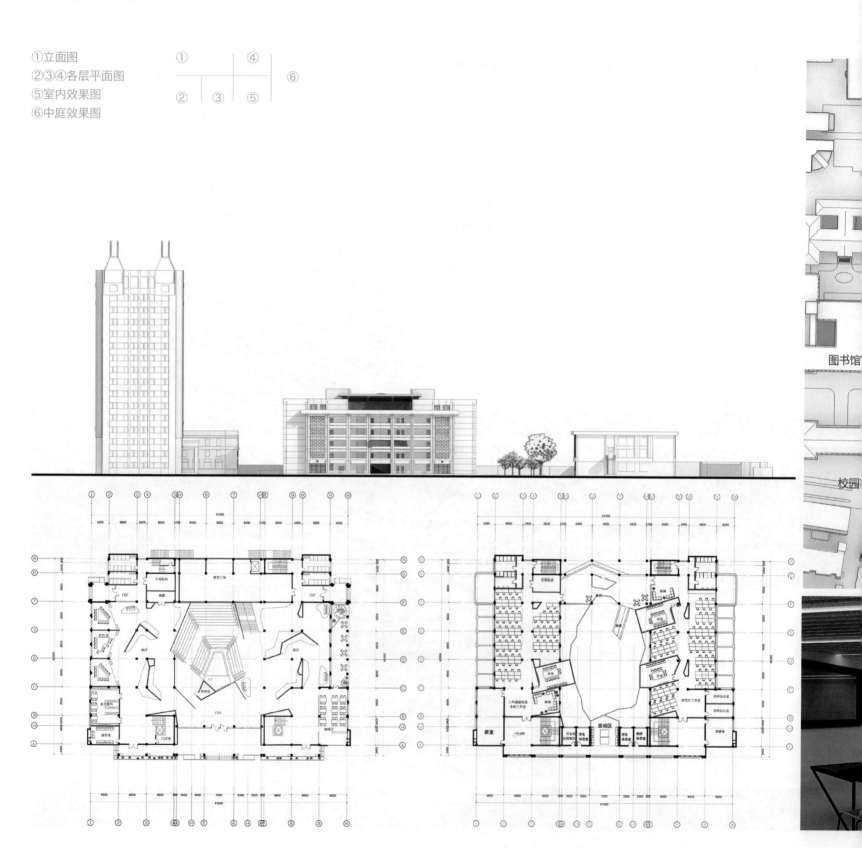

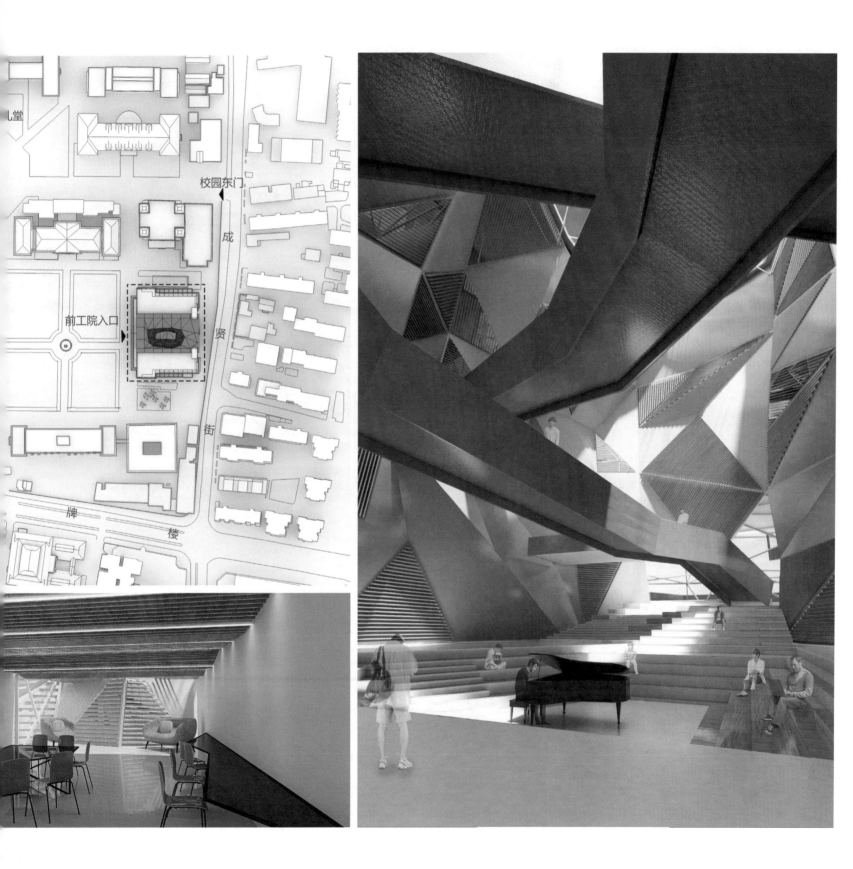

立交社区

参赛类别
建筑设计

作者
夏晓瑜

学校
东南大学

指导老师
夏兵

奖项
本科铜奖

设计说明

铁西，共和国的工业长子，它曾经无比辉煌，又曾经持续没落。如今，伴随着城市产业转型与城市结构调整，铁西彻底完成了从工业区到居住区的蜕变，但在看似美好和谐的生活底层，却掩藏着最易被忽视的矛盾与冲突。为了国家需要而付出青春的老一辈工人，在经历下岗大潮以后，只能从事低技术含量的体力活，而大量外来务工人员涌入，成为铁西的"隐性贫困"群体，且无法融入新环境。

本设计方案以低收入的边缘人群为关怀对象，从居住、交往、健身锻炼等城市日常行为活动出发，利用城市高架设施下的"废弃"用地，以简单、低技术建造为手段，创造出具有多样城市生活层叠的"拼贴空间"，打造出体现公共性、公平性和丰富性的高质量公共空间。

①室外运动场地半鸟瞰图
②室内效果图
③构造大样图
④楼层平面图
⑤楼层剖面图

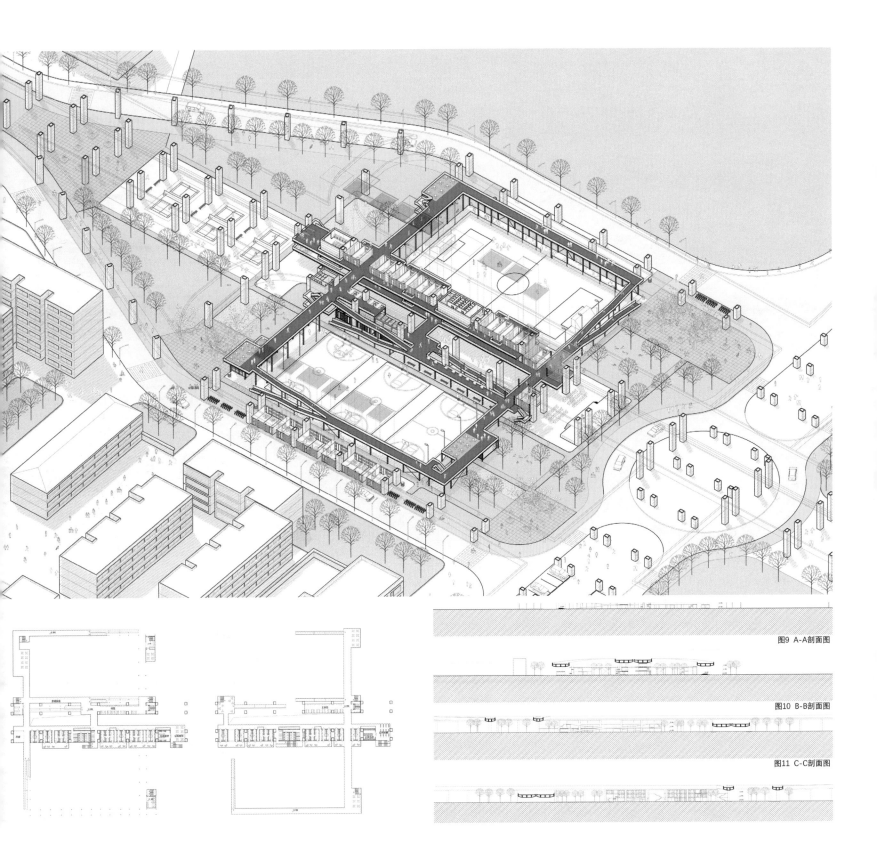

图9 A-A剖面图

图10 B-B剖面图

图11 C-C剖面图

立交社区

①总平面图
②③模型照片
④临时居住区外活动场地
　效果图
⑤高架桥下集市效果图

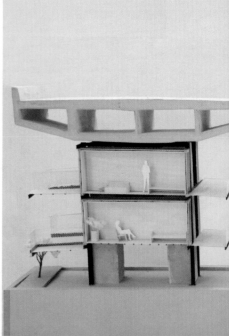

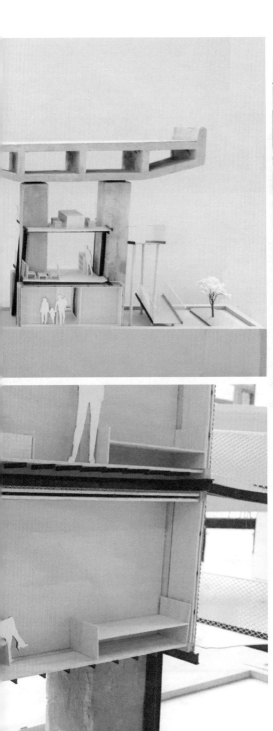

红白房子
——一冶机关大院改造

参赛类别

建筑设计

作者

郑兴 / 赖倩 / 李麒 / 梅雪

学校

湖北美术学院

指导老师

黄学军

奖项

本科铜奖

设计说明

我们不打算对老建筑的外观进行改变，而是保留其传统复古的味道，从传统建筑中提取出"破屋顶"元素，作为建筑的基本符号语言。结合中国传统民居错落自然的特点和地中海建筑白色的色调，生出新的建筑形态；将传统屋顶的屋檐收缩，使之山墙衔接，形成第五里面；配合白色厚质涂料，使建筑具有肌理效果，层次更丰富；新建筑依附着老建筑错落地摆放，富有层次感。白色建筑与红色建筑搭配也非常合适。新老交替，但是不昂突兀。

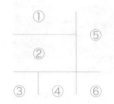

①效果图
②线稿
③④体块演变
⑤效果图
⑥立面图

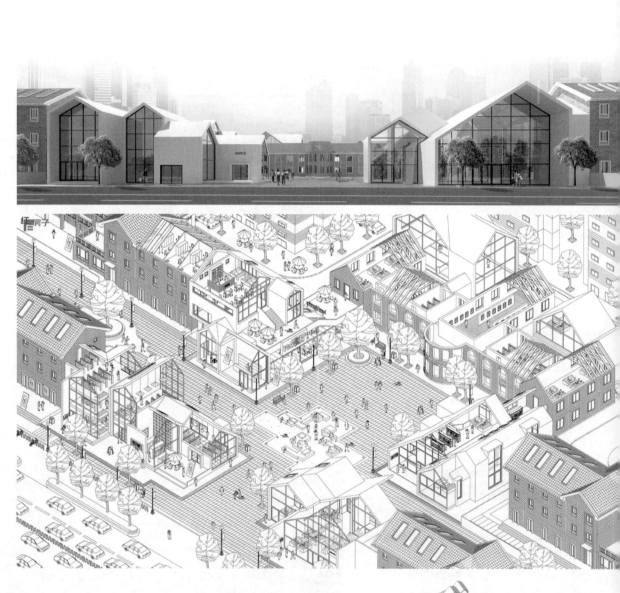

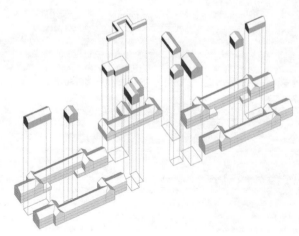

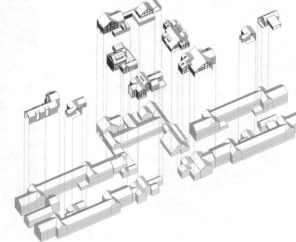

红白房子
—— 一冶机关大院改造

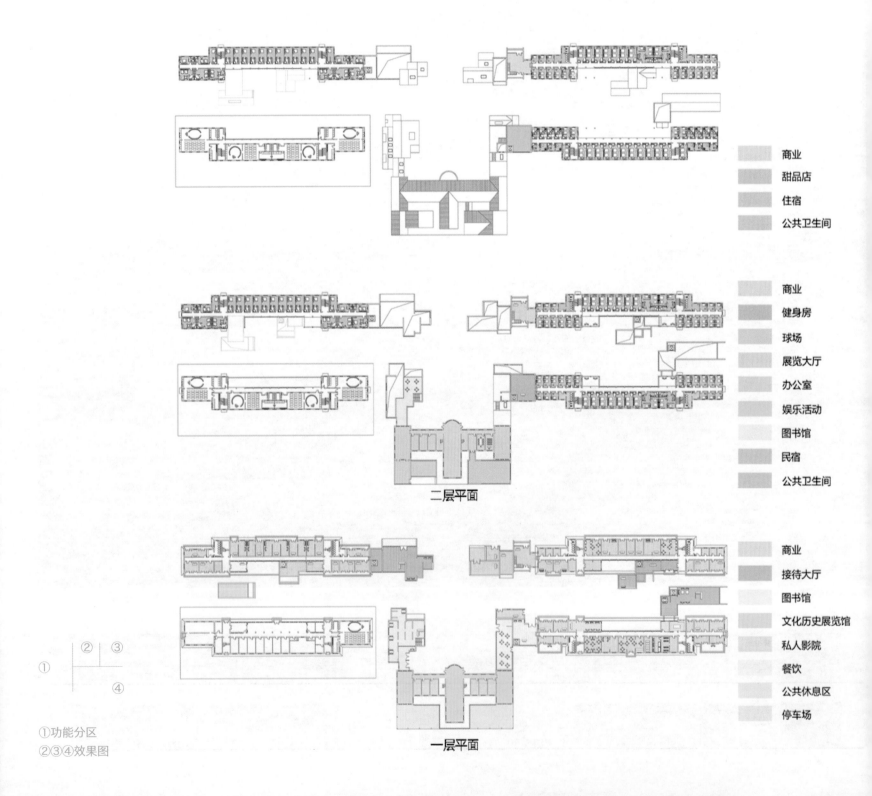

商业
甜品店
住宿
公共卫生间

商业
健身房
球场
展览大厅
办公室
娱乐活动
图书馆
民宿
公共卫生间

二层平面

商业
接待大厅
图书馆
文化历史展览馆
私人影院
餐饮
公共休息区
停车场

一层平面

② | ③
①
④

①功能分区
②③④效果图

生活在福绥境
——集体空间里的个体记忆

参赛类别

建筑设计

作者

孙越

学校

清华大学

指导老师

王辉

奖项

本科铜奖

设计说明

本设计结合对"老北京生活浮世绘"——小说《钟鼓楼》的解读，理解北京传统生活，将北京文化、文学作品与北京文化建筑的改造相结合。

《钟鼓楼》讲述了20世纪80年代初发生在北京老城区的故事，向读者展示了当代生活中极其丰富多彩的社会场景，反映了北京市民的社会生活面貌，诉说着市井悲欢、几代人的命运，着力于发掘人性之美好。本设计从《钟鼓楼》中提炼出能够表达个体记忆的"段落"，使用"段落主题词语"，生成空间理念（即每一空间的"标题"）。线索来自对实际状态的真实描述，也来自抽象元素的延伸，比如某些角色内心状态的隐喻。我们选取福绥境中原有的5个典型公共功能空间，将概念与之一一结合，根据每一段落文字，在整体研究原建筑的基础上，重新想象空间，使之能够体现故事的精髓。书中描述人物的当前，还追溯人物的过往。心理变化是联系人物过往与现在的桥梁。设计强调空间的情绪，以情绪引导思绪，试图联系过去与现在，在空间里图示时间，在时间里图示空间；在强调集体主义的大楼里强调个体的意义，以记忆的空间将人和楼融合，以动人世相激活冷清空间。

①②轴测图
③④效果图
⑤总轴测分析图

①	②
③	④

⑤

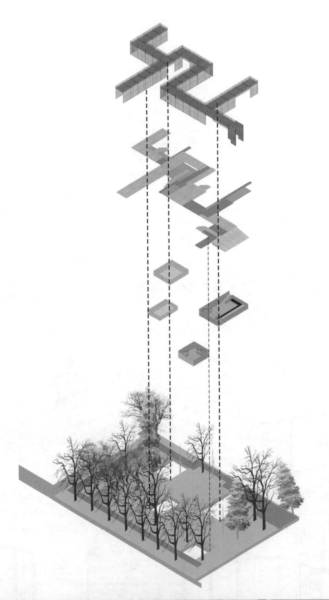
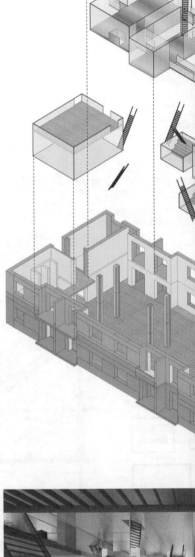

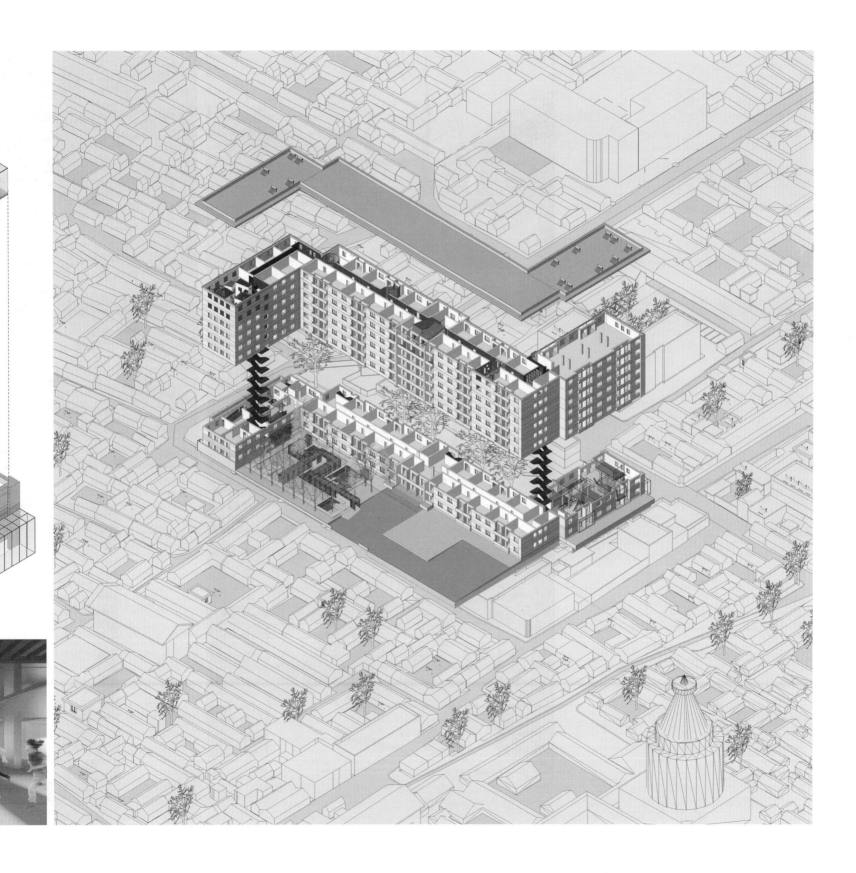

生活在福绥境
——集体空间里的个体记忆

①　②

①②小空间效果图

古村新语

参赛类别

建筑设计

作者

宋雅楠

学校

重庆大学

指导老师

黄海静

奖项

本科铜奖

设计说明

博物馆类建筑是"文化"这一概念的实体化。在城镇化大潮中，弱势地位的乡村文化弥足珍贵。在本次设计中，我们希望通过"场景重现"和"要素新解"重新诠释乡村文化，并通过空间的塑造来体现其乡村文化的精神内涵。设计从乌龙村原有的乡村文化和空间要素出发。经过研究发现，对于乌龙村来说，渔浦星灯、农耕文化、一颗印民居、传统街道空间都是村落的文化核心，承载着记忆与传承。因此，我们提出"古村新语"的设计概念——"古村"是从传统空间的角度,对乌龙村原有的空间文化符号和行为活动进行提取， 而"新语"则是对传统的要素进行重构和再现。

①② "古村新语"意向提取（提取"老墙""街巷空间"等新传统空间形态并赋予新的意义）+建筑采光分析
③建筑结构分解图
④建筑交通分析图
⑤设计总平面图

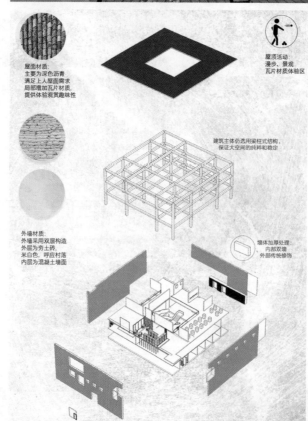

屋面材质：
主要为深色沥青
满足上人屋面需求
局部增加瓦片材质，
提供体验观赏趣味性

屋顶活动：
漫步、景观
瓦片材质体验区

建筑主体仍选用梁柱式结构，
保证大空间的纯粹和稳定

外墙材质：
外墙采用双层构造
外层为夯土砖，
米白色，呼应村落
内层为混凝土墙面

墙体加厚处理：
内部双墙
外部传统修饰

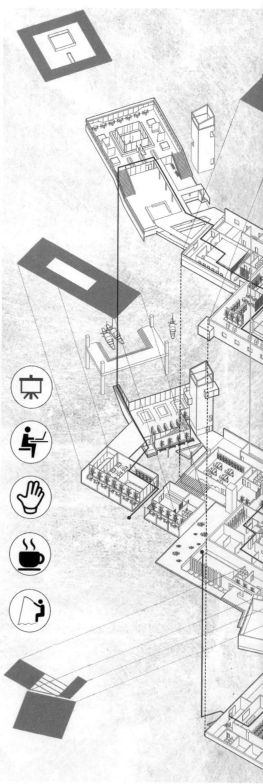

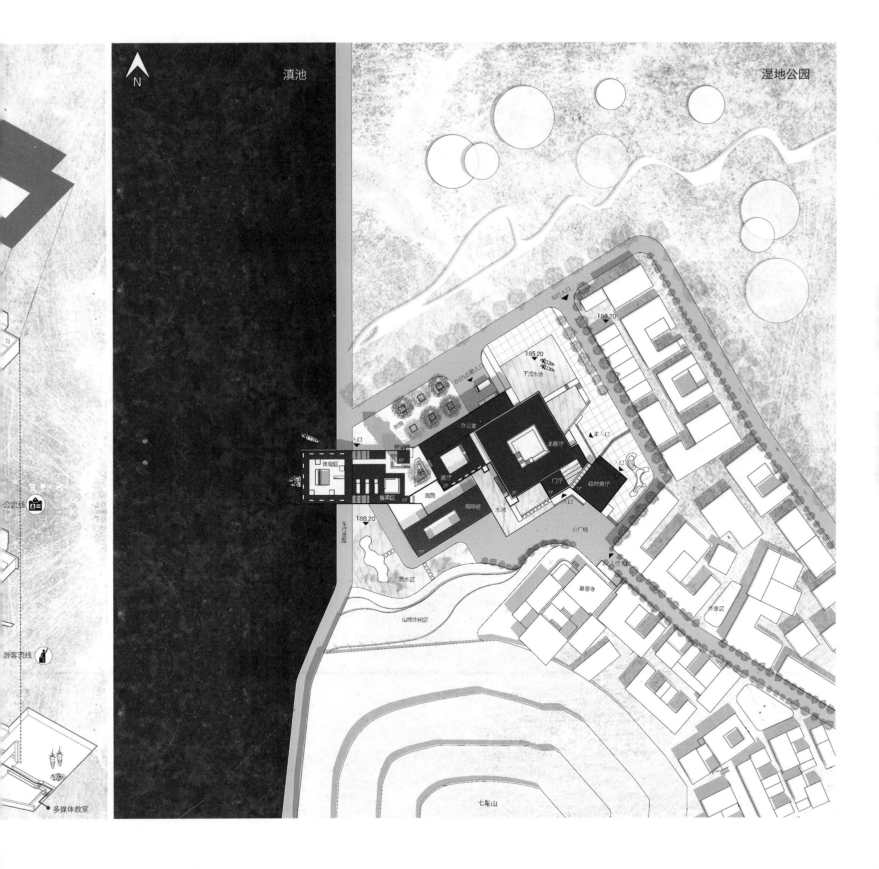

古村新语

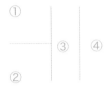

①东立面图
②建筑转折剖透视图
③建筑功能布局分析图
④建筑立面入口效果图展示图

东立面

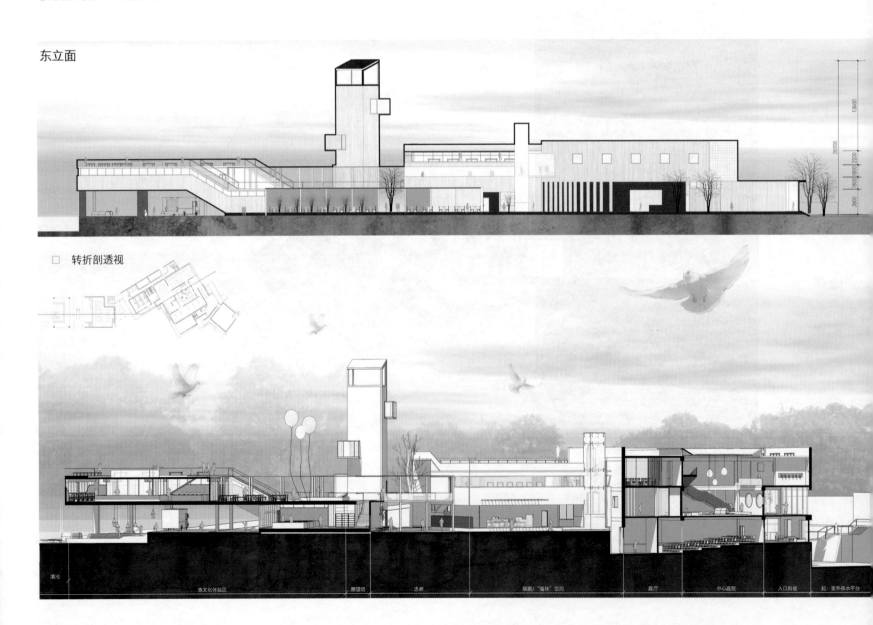

☐ 转折剖透视

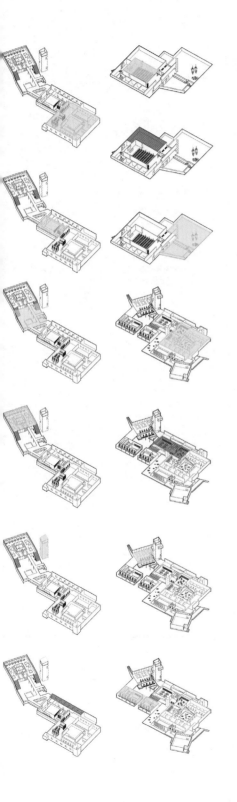

入口01

入口02

2017
中国人居环境设计学年奖获奖作品集

景观设计组
Landscape Design Category

无锡洪口墩老村落景观建筑更新设计

参赛类别

景观设计

作者

于杨

学校

江南大学

指导老师

史明

奖项

本科金奖

设计说明

随着时代变迁、社会迅猛发展，城市中的老村落因不能适应现代社会的需求，滞后于时代发展的步伐而面临严峻挑战，它们未来的命运怎样？是去是留？本设计通过新人群的引入，重塑洪口墩老村落的活力，为湿地公园的大量游客提供民宿，将洪口墩定位为创意人群的聚集地。本设计植根于农耕文明，生发出创意文化，使洪口墩老村落成为回归自然、饱含亲切与自由气息的江南村落。

①　③

②　④

①道路及出入口分析
②公共性分析
③高墩缩影
④共食餐厅

▲ 主入口

△ 次入口

半公共-公共-半公共-私密

无锡洪口墩老村落景观建筑更新设计

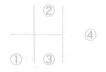

①设计总平面图
②创意作坊
③油菜花田
④钓鱼平台

油菜花田

乡村铺子

高墩缩影

创意作坊

钓鱼平台

共食餐厅

绿植藤架

总平面图

N

金丝套街区历史信息呈现的景观改造设计

参赛类别

景观设计

作者

黄子舰

学校

清华大学

指导老师

方晓风

奖项

本科金奖

设计说明

这一地区拥有丰厚的历史、文化资源，但对于一般旅客而言，大量的历史信息被湮没或者被扭曲，导游的信口开河以及历史变迁带来的改造、占用、加建等，使得真实的历史信息不能得到有效展示。

金丝套区具有大量呈现潜质的历史信息点，它们大致可以概括为植物、建筑遗迹、场域、人物、事件五大类。这些信息点在金丝套街道中有着相对应的前地空间，它们在景观中成为修复金丝套区历史意象的潜在空间，且具有空间上的连续性。在设计中这样的空间将延续金丝套区的历史文化，同时为游客和当地居民提供便利，缓解场地封闭、缺乏活动空间的现状，赋予场地历史信息增值的可能性。

①②金丝套区历史信息呈现的主要问题
③方案总平面图
④⑤线层级历史信息效果
⑥线层级总历史信息的框架
⑦面层级历史信息呈现总体的斑块状效果

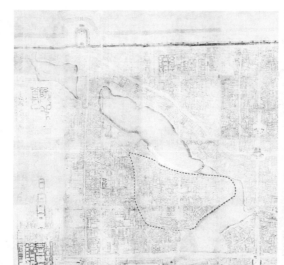

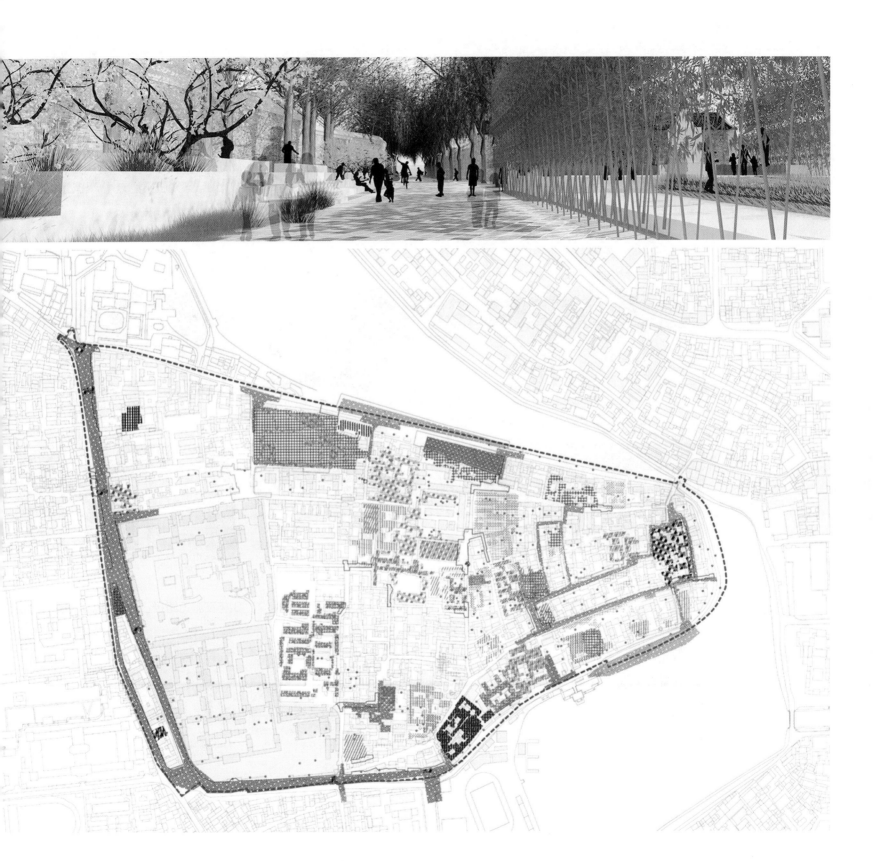

设计通过低干预方式对金丝套区进行改造设计，再现了设计研究中具有呈现潜质的历史信息点，并且通过重塑公共空间、调用一系列技术手段等对场地的历史信息进行多层次、多维度的展示，丰富了呈现历史信息的路径。

设计方案的表达基于对典型历史信息呈现点的探讨与相关有待补充完善的设计空间两部分共同完成。历史信息点构成了场地的信息架构，暗示了场地中不同层次的历史信息点在线性的结构中潜在的景观联系。

①线层级历史信息呈现策略与对应效果图
②典型历史信息呈现策略探讨图

1.视觉联系：通过造型暗示连续出现的历史信息

将李可染《九牛图》的图像抽象成铺装连接厂门口与东煤厂胡同

2.把握氛围：对历史上场域的空间氛围进行塑造

"海潮庵胡同9（明）：呼应点层级中被恢复的历史信息点"

3.把控材质

大金丝胡同17号，王敏智大夫故居

1.修正：恢复街巷命名的准确性、真实性

重新恢复的"槐宝庵胡同5号"

2.暗示：以铭牌为媒介，作为环境与人活动的背景

"海潮庵胡同9（明）：呼应点层级中被恢复的历史信息点"

3.呼应：与点层级中恢复的历史信息"点"对应

被重新恢复的"南宫坊口胡同"

1.修复空间意象：通过铺装和照明设施等恢复历史河道诗意的意象

夜晚的柳荫街：在照明设施的介入下，古月牙河的历史意象得到恢复

2.定义活动：根据场地的活动需求提供新的公共空间

转向恭王府大门的前地空间：一个重新被定义的诗意、充满活力的场所

3.丰富场所内涵：环境、人与历史的融合

由海潮庵山门内侧向外望去，新呈现的历史信息在环境中融入环境

1.智慧游览：通过手机app提示信息背景，并暗示信息网络

智慧化的游览便于理解场地相关历史信息的背景及同类信息的网络关系

2.缩小步行尺度：在连续的步行中补充新公共空间

柳荫街被重新打开的绿篱，在连续的步行环境中置入新的公共活动

3.丰富游览路径：连续的景观要素引导游客进入"未知"领域

东煤厂胡同转角出：胡同的转角呈现院落内植物和历史事件的信息

1 延续、保留、低干预

呈现前提是尊重场地的原真性。对生活、建筑、自然、空间格局等历史风貌现状保留与延续的基础之上，以"低"干预理念展开。

2 再现"潜质信息"

通过一系列针对性的手段，对场地中层次丰富的历史信息进行系统性的景观修复，恢复历史信息本底。

3 重塑公共空间

在历史信息本底再现的同时，金丝套区的公共空间也将适当予以调整。以期兼顾街区的公共属性，并平衡居民与游客的不同需求。

4 调用技术手段

借助一系列的技术手段对历史信息进行呈现，多层次，多维度地进行信息展示。

非直接可视植物类信息（藏于院落）非直接可视植物类信息（消失）

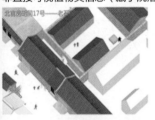

窥视镜+导视牌　　　　　布置雕塑

非直接可视植物类（消失）

投影+文字和图片

直接可视建筑遗迹类信息

导视牌+模拟剪影

非直接可视建筑遗迹类信息（消失）

雕塑+复原模型

场域类信息

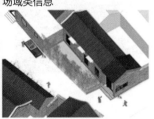

复原模型

场域类信息（消逝）

铺装

历史事件类

户外临时展板+复原模型

历史人物类（非纪念性）

投影

历史人物类（纪念性）

雕塑+游览路径

弃废成景·从工厂废弃区到人文游憩区
——重庆发电厂旧址改造景观设计

参赛类别

景观设计

作者

张杰

学校

四川美术学院

指导老师

张新友

奖项

本科金奖

设计说明

本次设计力图对发电厂的废弃厂房和设备进行改造，把它们"变废为宝"。在改造过程中，尽量保留原有的厂房和废弃的设备，保存原有的历史文化记忆，设计以艺术和生态为主要设计理念，把工业废弃空间改造成供人们活动、娱乐的游憩空间。对废弃空间的再利用充分尊重场所精神，注重人对空间、场所的内在感受，满足不同年龄人群的需求，强调人们对环境的认同和归属感。

①活动中心改造分析图

②立面分层图

③生态策略

④鸟瞰图

⑤废弃设备再利用效果图

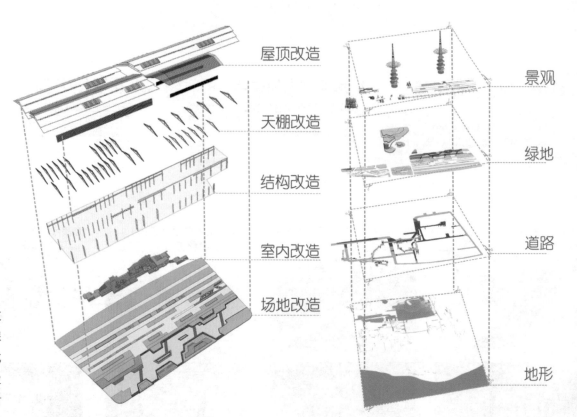

屋顶改造

天棚改造

结构改造

室内改造

场地改造

景观

绿地

道路

地形

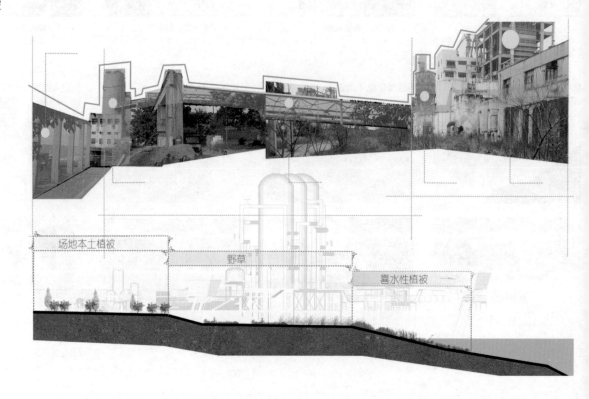

场地本土植被

野草

喜水性植被

弃废成景·从工厂废弃区到人文游憩区
——重庆发电厂旧址改造景观设计

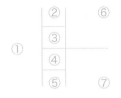

① 平面图
② 废弃设备再利用效果图
③ 工业废弃分析
④⑤ 活动中心效果图
⑥⑦ 生态改造效果图

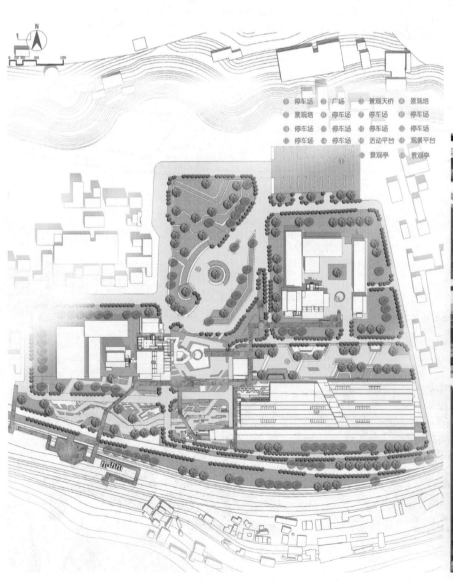

宅田拼贴
——桂林山尾村传统村落空间及农业文化景观再造

参赛类别

景观设计

作者

雷志龙

学校

广西师范大学

指导老师

刘涛

奖项

本科银奖

设计说明

本设计关注城市化建设给农村原生态景观带来的冲击和破坏以及解决方案。设计结合都市农业景观，打造出一片乡村新型农业景观体，使之在城市化进程中不被淘汰，同时引导村民以农业吸引外来资金，保护和传承古老的农业文化，留住乡愁，传承文化，解决空心村、留守儿童以及孤寡老人等问题，让农村再次焕发生机。

设计用拼图的形式将农田、菜地和建筑串联起来，用设计生态园林的方式使农田呈现新型农业园林景观，以二十四节气为设计源头，打造一个集旅游、度假、消费为一体的新型农业景观休，重塑传统村落的场所精神，激发农村新活力。

①以农田景观为主要设计对象对废弃农田的设计
②农田鸟瞰图
③农田竹亭效果图
④养殖场景观效果图
⑤庭院效果图

宅田拼贴
——桂林山尾村传统村落空间及农业文化景观再造

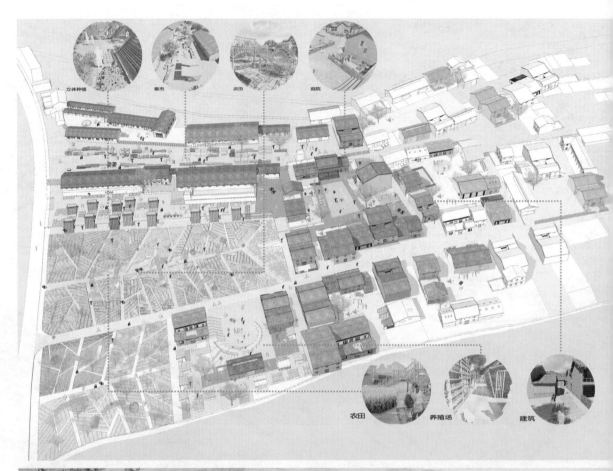

立体种植　集市　农田　庭院

农田　养殖场　建筑

① 整体鸟瞰图
② 农田局部效果图
③ 农田效果图
④ 集市效果图

基于反哺意识下的矿坑景观修复计划

参赛类别

景观设计

作者

秦传文 / 张晨玮 / 乔磊

学校

吉林建筑大学

指导老师

郑馨 / 杨静

奖项

本科银奖

设计说明

采石矿坑伴随着城市的扩张而产生，伴随着我国城市化进程快速发展。由于建材供应不能满足建设需求，所以全国各大城市均在城郊进行大规模的矿坑开采。城市发展为我们带来了很大的便利，然而代价是对城郊土地资源的不断掠夺。矿坑挖掘对土地环境的破坏是不可控的，城郊矿坑在价值被压榨后，以一种大地伤疤的形式环绕在城市周围，渐渐被我们遗忘，这是我们不得不面对的问题。

我们认为，矿坑和城市扩张象征着供求双方的伦理关系，这种关系也就是哺育与反哺的关系。城郊矿坑作为长期的资源供体，以牺牲自我环境为代价，哺育城市化建设，长此以往，导致了供求双方的不平衡状态：一方面，城市由于长期的资源流入，得到了快速发展；另一方面，城郊矿坑却长期处于被掠夺的状态，被人们所抛弃。所以，我们希望通过反哺设计，唤醒人们的反哺意识和城市可持续发展的意识。

① 一号坑鸟瞰、效果图、生态修复分析
② 三个矿坑的整体大鸟瞰图
③ 三号坑物质性回忆的营造

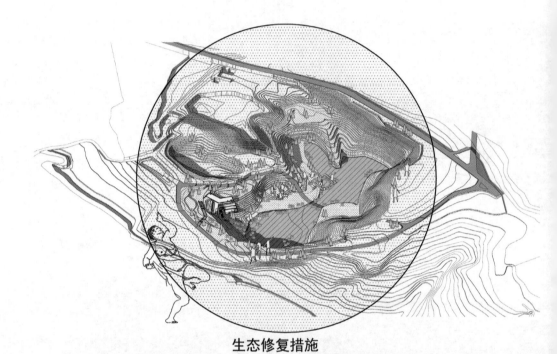

生态修复措施

"生态修复作为一种反哺手段被运用于矿坑中，让原本破碎凋零的伤痕重新焕发活力与生机。通过生态的恢复改善场地环境，吸引人们的驻足与停留。"

修复措施主要集中于恢复裸露的土地活力和净化积水，最终建立循环的动植物生态圈。首先分步骤补种当地乔灌木树种，多年生水体过滤植物，季节观赏性植物。在植物圈建立之后，投放蝌蚪，鱼虾等易存活的水生生物于水中。

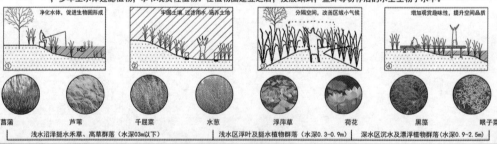

① 净化水体，促进生态圈形成　② 固圃土壤，过滤雨水，活养土地　③ 分隔空间，改善区域小气候　④ 增加观赏趣味性，提升空间品质

菖蒲　芦苇　千屈菜　水葱　浮萍草　荷花　黑藻　眼子菜

浅水沼泽挺水禾草、高草群落（水深03m以下）　浅水区浮叶及挺水植物群落（水深0.3-0.9m）　深水区沉水及漂浮植物群落（水深0.9-2.5m）

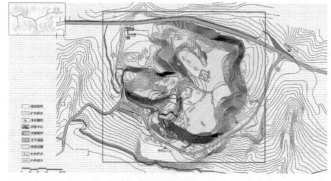

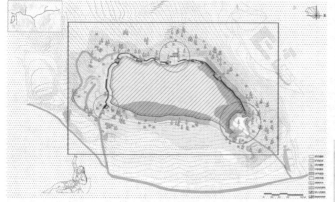

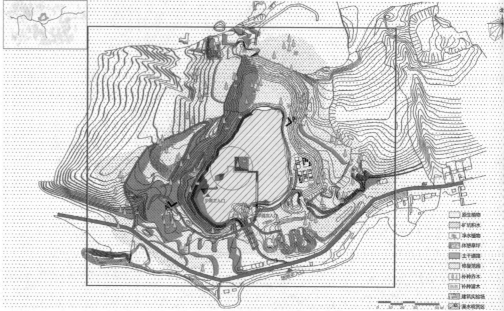

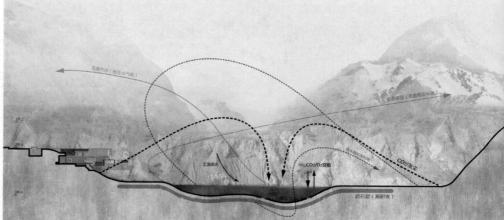

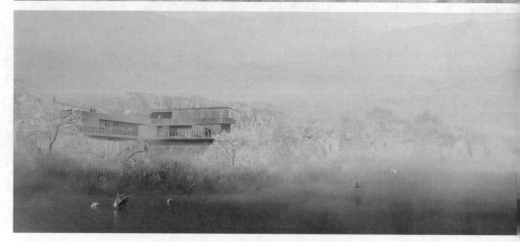

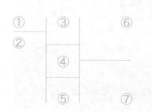

①一号坑平面图

②三号坑平面图

③二号坑平面图

④一号坑剖面图

⑤一号坑建筑分析图

⑥二号坑漫水步道景观效果图

⑦二号坑大效果图

水下的漫水景观

"二号坑内拥有广阔的水域覆盖着水下丰富的高差变化，我们通过对空间的组织和整体布局，希望用一种新颖的游览方式丰富游客的体验。"

光是景观设计元素里唯一没有实体的，但同时也是可以倾覆铺洒于所有景观元素上的，因为季节和时间的变化，光的行迹所过之处，精彩纷呈，与之结伴同行的，是影。

融
——河北岭南村民居环境改造

参赛类别

景观设计

作者

梁雨晨 / 李嘉艺 / 李鑫 / 郑迪文

学校

清华大学

指导老师

宋立民

奖项

本科银奖

设计说明

在这个方案中，我们以"融合"为核心理念，这包含着设计项目中空间结构的融合、改造后的场地和原生场地的融合、原住民和旅游者生活轨迹的融合、建筑空间和自然空间的融合。

岭南村改造的核心原则是尊重历史文脉，注重人文内涵。种种改造，从村民的生活需求出发，结合场地的原有特点，以低调和谦逊的姿态与当地原有风貌和谐共存，同时又创造了一种新鲜和舒适的生活方式，提高了村民的生活质量。

①
② ④
③

① 民宿A庭院效果图
② 民宿A剖面2—2
③ 民宿A剖面3—3
④ 总平面图

1.原住民住宅A
2.民宿A
3.原住民住宅C
4.原住民住宅B
5.民宿B
6.公共阅览室
7.休闲小径
8.休闲广场
9.古井广场
10.民宿
11.公共空间
12.原住民住宅

融
——河北岭南村民居环境改造

①民房C一层卧室效果图
②"兔笼"阅览室剖面图
③广场鸟瞰效果图

后遗址时代的过渡性景观
——景德镇御窑厂遗址公园

参赛类别

景观设计

作者

郭亦家

学校

清华大学

指导老师

黄艳

奖项

本科铜奖

设计说明

近年来，随着我国城市改造和更新进程的深化，位于城市中的各类历史文化遗址逐渐受到广泛关注，城市遗址公园是平衡城市化建设与遗址保护间矛盾的有效方式，它不仅是城市绿地系统的重要组成部分，有利于城市的生态建设，还是城市文化生态链条的重要环节，有利于历史文明的传承，具有多元的美学价值、教育意义和经济效益。我国现有的城市遗址公园多为遗址后景观，即遗址考古发掘工作结束，遗址本身作为文物展示开放给市民，成为"露天博物馆"，然而，仍有不少考古遗址在开放为城市公园的同时，依然面临着考古发掘研究的迫切需要，这加剧了遗址公园设计与规划的挑战，更加剧了城市发展与文化保护之间的矛盾。景德镇御窑厂遗址便是这一趋势中的典型范例。

①炸开轴测图
②剖立面图
③未来场地开放与发展示意图
④总平面图
⑤年轮墙概念图

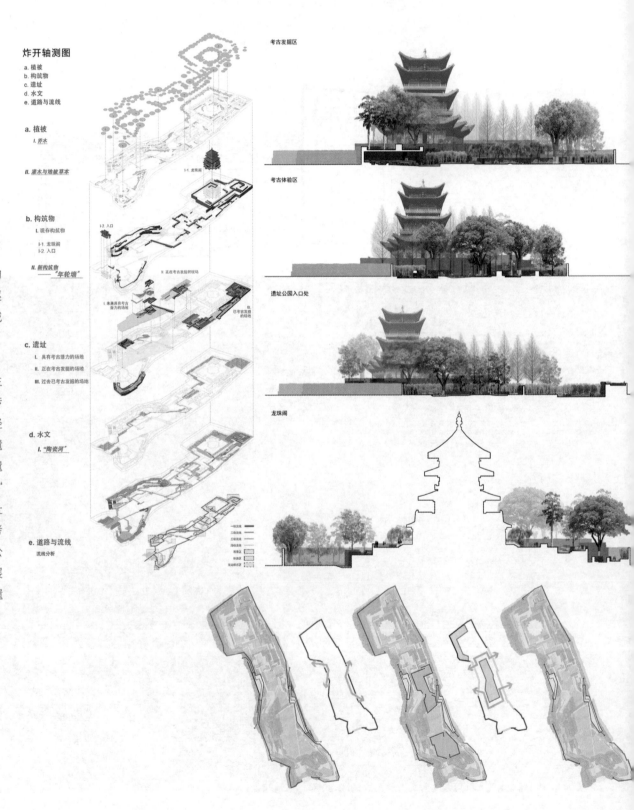

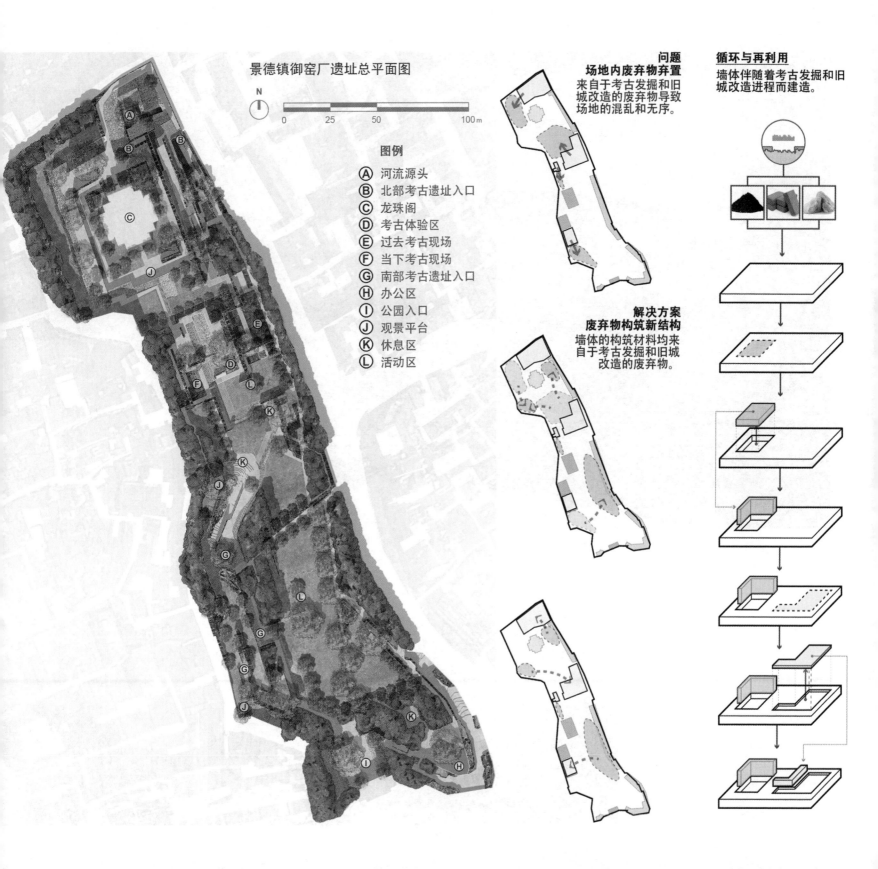

景德镇御窑厂遗址总平面图

N

0　25　50　100 m

图例

Ⓐ 河流源头
Ⓑ 北部考古遗址入口
Ⓒ 龙珠阁
Ⓓ 考古体验区
Ⓔ 过去考古现场
Ⓕ 当下考古现场
Ⓖ 南部考古遗址入口
Ⓗ 办公区
Ⓘ 公园入口
Ⓙ 观景平台
Ⓚ 休息区
Ⓛ 活动区

问题
场地内废弃物弃置
来自于考古发掘和旧
城改造的废弃物导致
场地的混乱和无序。

解决方案
废弃物构筑新结构
墙体的构筑材料均来
自于考古发掘和旧城
改造的废弃物。

循环与再利用
墙体伴随着考古发掘和旧
城改造进程而建造。

后遗址时代的过渡性景观
——景德镇御窑厂遗址公园

①陶瓷河效果图
②场地未来发展愿景效果图
③考古体验区
④陶瓷河源头效果图

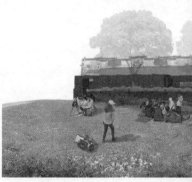

起风·风能可持续生态景观桥梁设计

参赛类别

景观设计

作者

刘怡 / 孙凯瑞

学校

四川美术学院

指导老师

龙国跃

奖项

本科铜奖

设计说明

功能分析：在理论支撑的基础上，在桥面设计上，分为两层，下层为交通层，上层为景观层。下层满足汽车、轨道交通的通行，上层是人行。生态公园把人行和车行完全分开，避免交通安全事故的发生，也避免了交通堵塞。连接上下两层的是两条无障碍坡道。

区域位置：本案位于重庆市渝中区，嘉陵江上。重庆又称桥都，本案临近嘉陵江千厮门大桥和嘉陵江黄花园大桥，附近有重庆著名的洪崖洞景区和重庆大剧院。

①	②
③	④

①景观休闲构筑物效果图
②鸟瞰图
③桥梁主桥墩——风鸟主塔候鸟观赏区
　效果图
④风力发电路灯和车流层效果图

起风 · 风能可持续生态景观桥梁设计

①瀑布花园局部效果图
②立面效果图
③瀑布花园整体效果图
④风力发电钢构效果图
⑤总平面图

WAIT FOR THE WIND TO COME
GRAPHIC ARTIST DESIGNER

1. 主要出入口
2. 连廊休闲中心
3. 生态农场
4. 全龄儿童活动区
5. 阳光草坪
6. 候鸟停落区

7. 交互式水景观
8. 禅意游步道
9. 风能景观塔
10. 商业区
11. 水幕演绎广场
12. 瀑布花园

北洋水师大沽船坞工业生态景观园

参赛类别

景观设计

作者

郭一丹

学校

天津大学

指导老师

张小弸

奖项

本科铜奖

设计说明

方案中引入了生态设计的概念，保护和尊重了
历史和自然留下的痕迹。设计重心主要放在北
洋水师大沽船坞遗址本身所具有的历史价值、
地区文化、工业生产痕迹和现有自然环境上。
方案主要通过加强对文物建筑与遗址的保护与
改造，充分发挥场地本身所具有的历史价值。
方案的设计强调基地本身的工业氛围，以工业
景观为主题，营造特色工业景观。
设计尊重当地的自然生态条件，尽可能减少对
场地自然环境的破坏，形成特色生态荒地景观
和生态恢复保护区。同时，进行恰当的功能转
变与改造，使整个场地向后工业时代发展，并
使其具有更强的功能。采用多种手段对工业遗
产进行改造，目的在于带动地区活力和经济发
展，实现地域文化和传统工业文化的复兴，最
终完成工业遗产的后现代化改造，同时在海河
沿岸形成连续的景观廊道。

①结构分析图
②滨水广场效果图
③漫水步道效果图
④芦苇生态园效果图
⑤活动中心广场效果图
⑥鸟瞰图
⑦南立面图

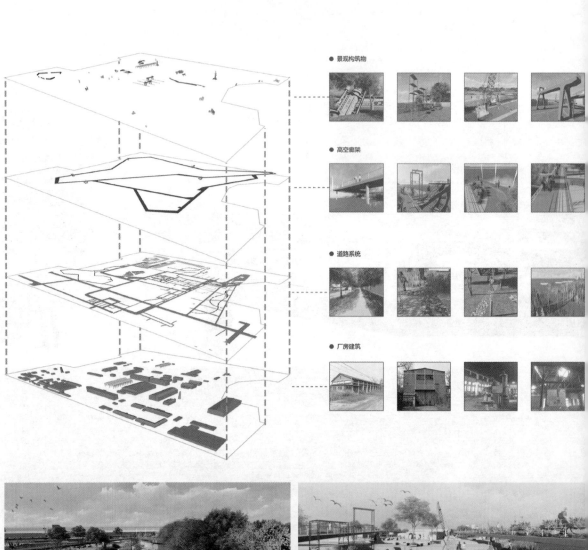

● 景观构筑物

● 高空廊架

● 道路系统

● 厂房建筑

北洋水师大沽船坞工业生态景观园

水泥面　植草砖　锈红色金属　磨光细麻青花岗岩　　浅灰色防水砂浆　　　　芝麻白火烧面

榆叶梅　　　合欢　翠菊　　　北京丁香　紫叶小檗

防腐木　锈红色金属　植草砖　小直径彩色石子　永定红拉丝面花岗岩　防滑路面

海棠　芒草　大叶黄杨　珍珠梅　合欢　　　北京丁香

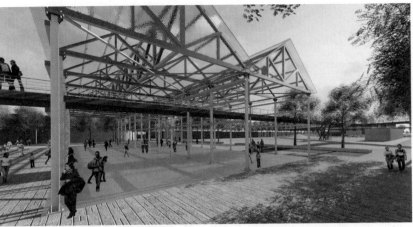

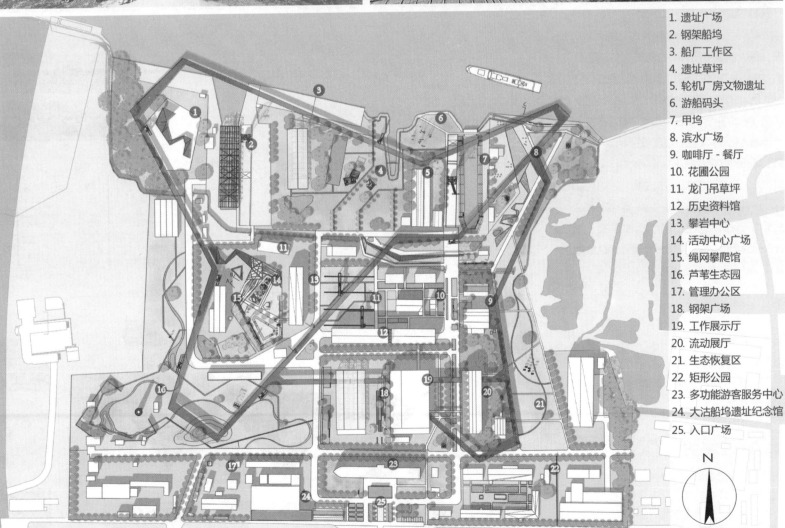

1. 遗址广场
2. 钢架船坞
3. 船厂工作区
4. 遗址草坪
5. 轮机厂房文物遗址
6. 游船码头
7. 甲坞
8. 滨水广场
9. 咖啡厅 - 餐厅
10. 花圃公园
11. 龙门吊草坪
12. 历史资料馆
13. 攀岩中心
14. 活动中心广场
15. 绳网攀爬馆
16. 芦苇生态园
17. 管理办公区
18. 钢架广场
19. 工作展示厅
20. 流动展厅
21. 生态恢复区
22. 矩形公园
23. 多功能游客服务中心
24. 大沽船坞遗址纪念馆
25. 入口广场

木斯塘
——边境文化保护性再生景观

参赛类别

景观设计

作者

陈静

学校

西安工业大学

指导老师

邢程

奖项

本科铜奖

设计说明

本方案从边境线这个有着特殊意义的地理位置出发，深入研究位于喜马拉雅天然国界线上，尼泊尔境内木斯塘的历史价值和场地意义。设计的目的是研究在边境这种特殊场地上，时间与边界之间发生的多种可能性。这种可能性正是我们对待场地文化保护的一种态度和探索，因为我们认为，真正的文化保护并不是修复和传承，而应该是创新，只有这样文化才有生命。我们从解读边界、解读时间、解读场地文化、解读空间四个方面形成设计研究思路，寻找全新的答案。方案设计既是对场地文化保护的一种诠释，也是对生命延续"永无止境的平和和爱"的解答。

① ④

②

③ ⑤

①空间分析
②③概念的提取及生成
④效果图（该空间是人车都可通行的，在当地经常有可以过车过人的佛塔，所以我们也采用了此种空间形式）
⑤效果图（该地的文化代表是萨迦派，祈福仪式有转经、堆玛尼石堆、撒经幡、转神山拜神湖等，该空间运用了转经筒的元素，来营造此种空间体验）

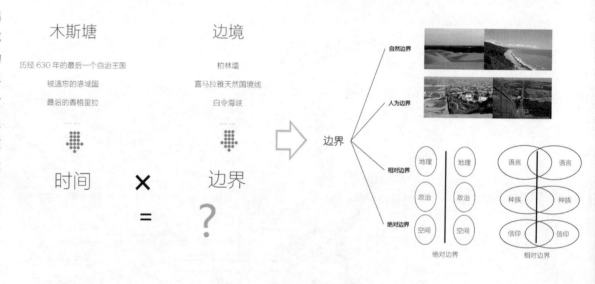

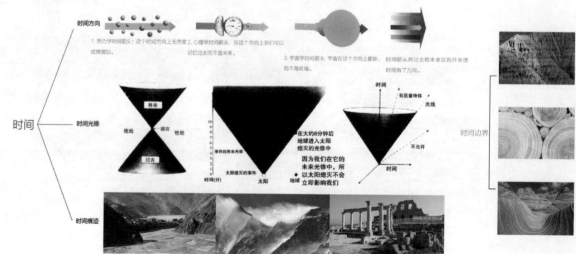

木斯塘
——边境文化保护性再生景观

①④⑥
②
③⑤⑦

①②③文化植入
④⑤⑥效果图
⑦总平面图

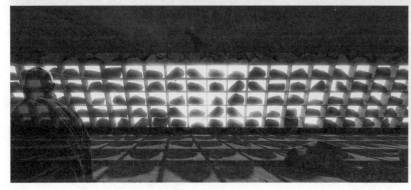

耕新
——可以吃的绿色社区

参赛类别

景观设计

作者

曹赟

学校

中国美术学院

指导老师

袁柳军

奖项

本科铜奖

设计说明

近年来随着城市化进程加快，耕地面积大量减少，人们的耕地方式和日常生活方式发生了变化，而传统农业所孕育的农耕文化和生活方式逐渐被人们淡忘，社区生活单调孤立。近年来，许多城市都出现居民利用社区绿地开辟社区菜园的现象，这也反映了一部分城市居民"离乡不离土"的农耕情结。因此，我们希望以杭州市十五奎巷社区作为样板，将传统农耕文化延续，将农业融入社区，创造能够支持健康、有人情味、有凝聚力的社区生活方式。不仅仅是让大家一起种菜，也是通过复苏传统的农耕生活而形成一种新的生活模式，让人们回归到现实的社区生活中，发现身边邻居和生活的美好之处。我们鼓励每个人都参与到耕地中，然后和所有人一起分享自己的劳动果实，大家会因为耕种蔬菜而聚集在一起，交流经验，联络感情，邻里关系比以前更加亲密，从而使整个社区变得更团结、和谐。

① 分析图
②③④⑤ 效果图
⑥ 平面图

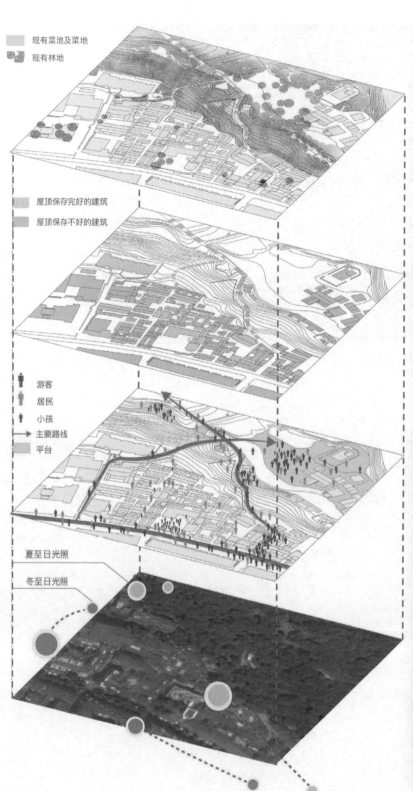

现有菜池及菜地

现有林地

屋顶保存完好的建筑

屋顶保存不好的建筑

👤 游客
👤 居民
👤 小孩
→ 主要路线
　 平台

夏至日光照

冬至日光照

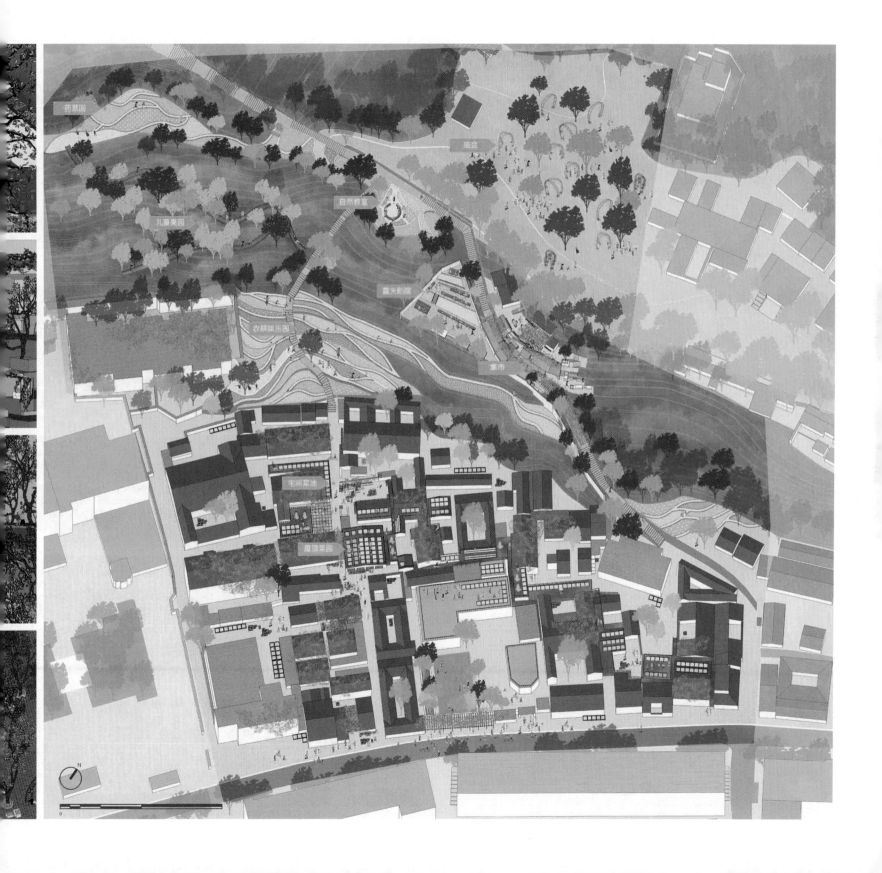

耕新
——可以吃的绿色社区

① 效果图
② 宅间平面图一
③ 坡地平面图
④ 宅间效果图二
⑤ 坡地效果图
⑥ 模型

归园
——广州番禺市桥水道滨水公园概念方案

参赛类别

景观设计

作者

李坚锐 / 徐海欣 / 杨慧欣 / 黄卫东

学校

广东文艺职业学院

指导老师

魏婷

奖项

专科银奖

设计说明

随着城市化进程的推进，有着番禺"母亲河"之称的市桥水道河段区域的各种环境问题日益凸显——水体污染、河滩湿地生态破坏等现象频发。本方案设计改造地段为市桥水道治理的重点地段，该河段凸显问题较具代表性。本设计通过景观湿地、绿色生态的设计手法，以生态修复为出发点，保护和恢复河流自然形态，延续人文情怀与地域特色，实现"人与自然和谐共生"的生态理念，试图探索城市发展中人为规划与滨水自然生态的平衡格局，寻找未来城市滨水绿色空间的发展方向。

①可食地景
②生态驳岸
③湿地栈道效果图
④果园景观效果图

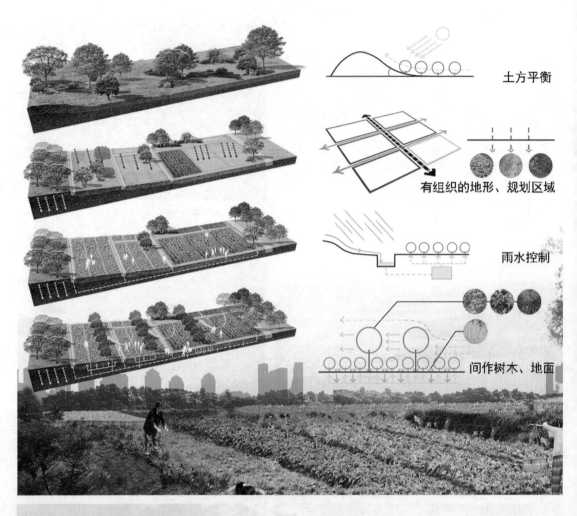

土方平衡

有组织的地形、规划区域

雨水控制

间作树木、地面

休憩空间

休憩空间

林带

雨水净化

草带

湿地植物带

①农田设计图
②亲水栈道效果图
③滞水泡子示意图
④休憩及服务中心效果图
⑤湿地栈道效果图
⑥湿地净化示意图

降雨

雨水流径

蒸发

渗透

地下水补给

陆地   过滤带   洼地   过滤带

和而不同
——佗城镇灵江村寨角地区景观再设计

参赛类别

景观设计

作者

徐铸洋 / 施维智 / 纪博燕

学校

广东文艺职业学院

指导老师

杨安琦

奖项

专科铜奖

设计说明

本方案梳理竖向设计，引导水流方向，在雨季，河流与池塘的水往河流低处流；在旱季，池塘蓄水。设计用当地碎石材料把人工景观与天然池塘连接，形成以邬氏祠堂、更楼和新建广场为核心的区域集散空间和"客家宗族意象+雨水系统+消防水池+水景+生态栖息地"的综合体，并修建河边栈道与平台作为主要通道，修建河边石滩与石道作为次要通道。

嗓子坑河的七个节点容纳了阳光草坪、抓虾石滩、烧烤平台、碎石滩、瀑布平台、竹林休憩亭等功能。设计利用当地材料，给村民提供淳朴的共享、交流、嬉戏空间；利用从灵江村和隔壁塔西村回收的红砂岩碎石，在嗓子坑河的七个节点铺设走道、石滩、河流减速带，以适应雨季旱季的水位变化。

① ③

② ④

①水的问题与对策
②生态分析图
③效果图
④村落彩平图

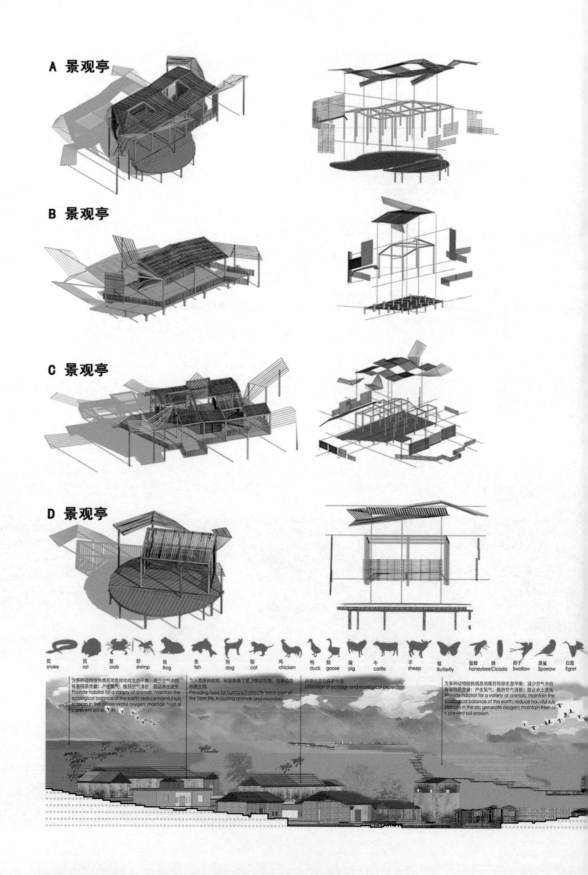

A 景观亭

B 景观亭

C 景观亭

D 景观亭

和而不同
——佗城镇灵江村寨角地区景观再设计

①②③④节点设计效果图
⑤邬氏祠堂前的明月日景
⑥邬氏祠堂前的明月夜景

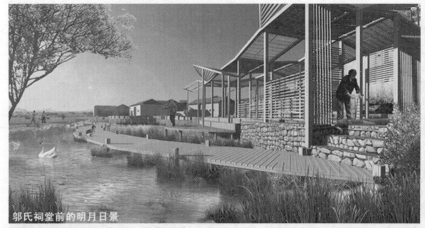
邬氏祠堂前的明月日景

邬氏祠堂前的明月夜景

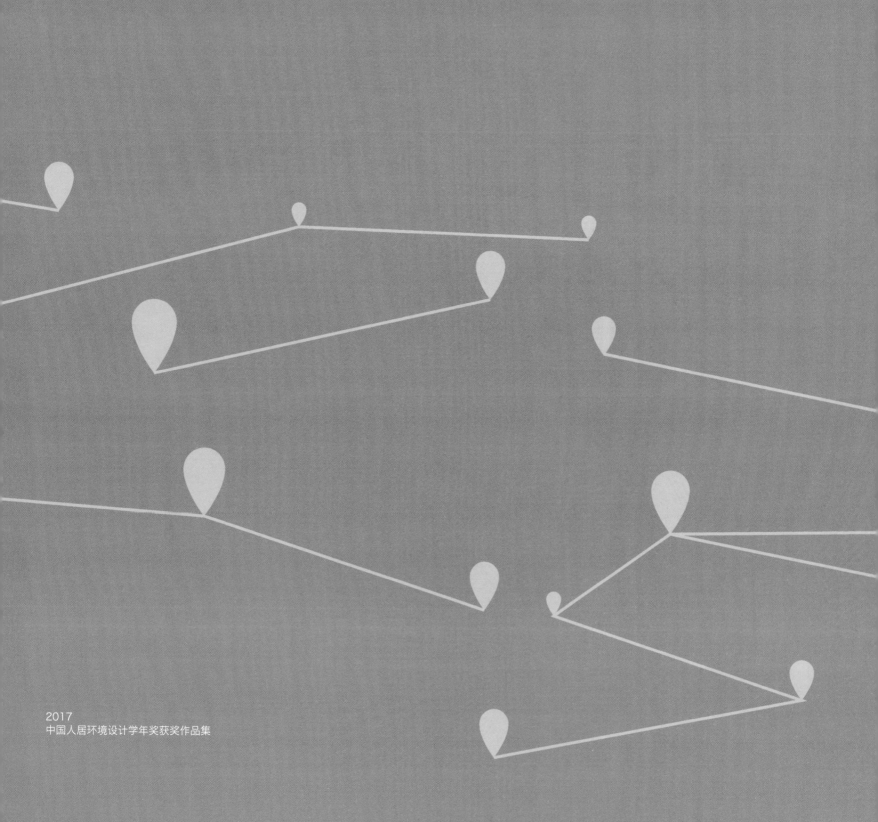

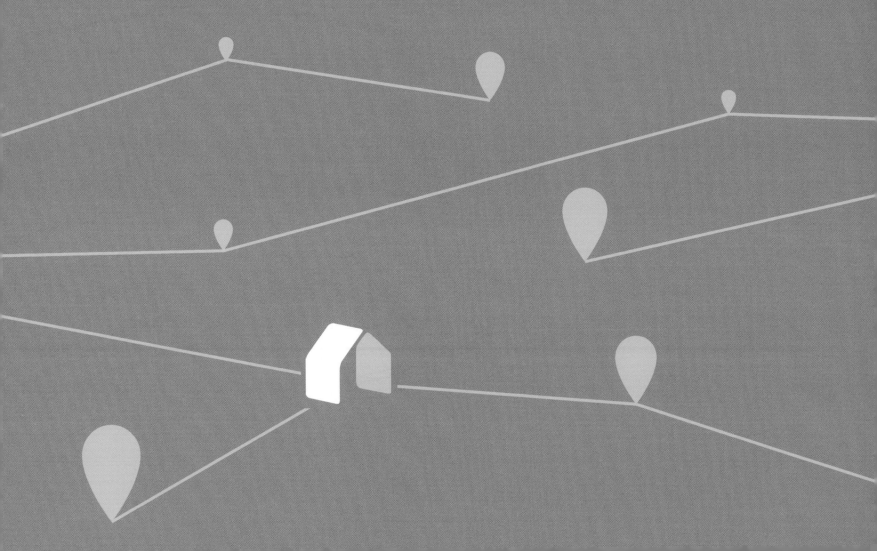

室内设计组
Interior Design Category

以行为设计为切入点的旧建筑改造与再生
——上海杨浦东码头厂房的改造与再生

参赛类别

室内设计

作者

王举尚 / 杨嘉桐

学校

东南大学

指导老师

钱强

奖项

本科金奖

设计说明

建筑场地位于上海杨浦区东码头，建筑原为工业厂房，利用水路运输进行货物流转。随着时代变迁，厂房原有功能已经丧失，货运码头成为了现在的游船码头，这个背景下，原有建筑成为脱离周围环境的一个孤岛。而且与江岸边由小体量建筑组合而成的码头相比，建筑厂房由于自身体量较大而显得封闭，与周围环境格格不入。因此，如何重新打开建筑，减小建筑尺度，使之与场地发生互动，并激活场地，成为设计方案思考的重点。我们将大体量的后工业厂房一分为二，一面向码头打开，吸引游客，激活场地；另一面向坡地打开，形成安静的员工休闲场地。功能上，厂房打开的一侧向游客和社区开放，促进生产与市场间的互动。室内改造策略上，我们采取在木桁架间插入"盒子"，以呼应码头的立面节奏，减小体量的尺度。办公空间被集中放置在中部的"盒子"里，体量两侧仍然能向两边打开。内部主要大空间（通高空间）利用高差平台，作为中央工作空间和外部休闲场地之间的过渡区，提供休闲和会谈的场所。改造和新建建筑与原有建筑以及场地之间形成有机整体，富于活力。

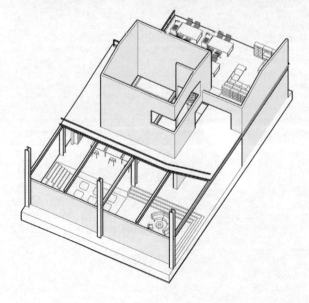

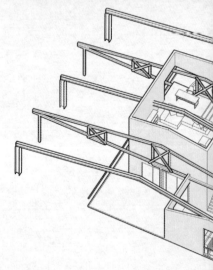

①	④
②	
③	⑤

①②剖透视图
③室内场景小透视图
④⑤室内渲染图

以行为设计为切入点的旧建筑改造与再生
——上海杨浦东码头厂房的改造与再生

①室内场景小透视图
②轴测分解图
③④室内渲染图

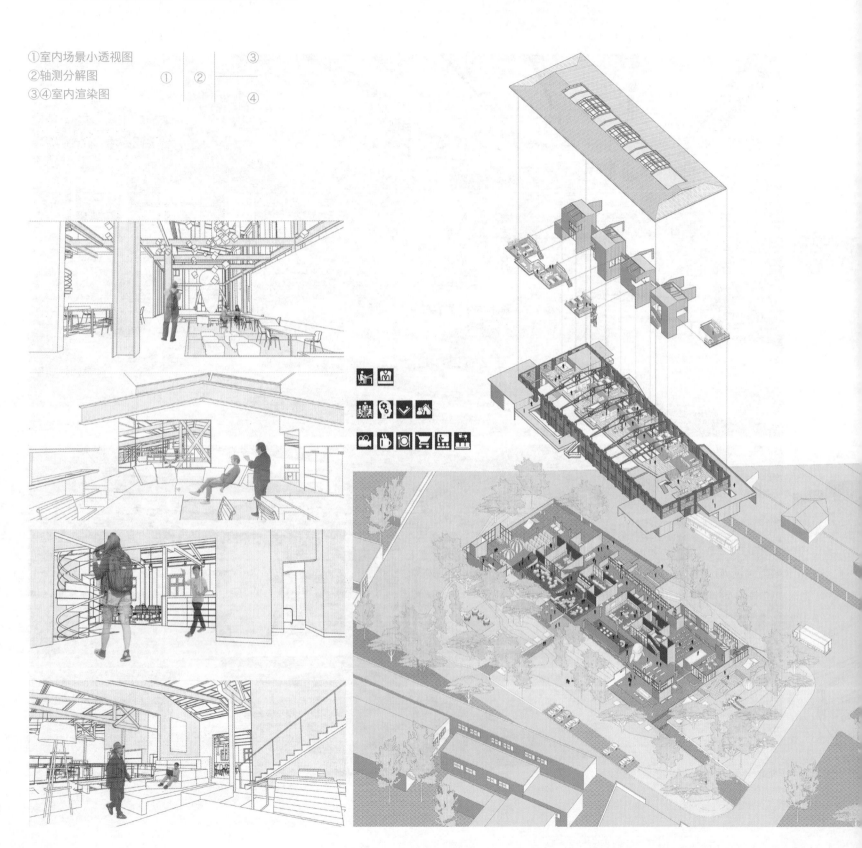

永不纸息
——蔡侯纸文化博物馆

参赛类别

室内设计

作者

赵建国

学校

南华大学

指导老师

王宽 / 陈祖展

奖项

本科金奖

设计说明

"永不纸息"蔡侯纸文化博物馆，通过运用现代设计语境诠释传统非物质文化遗产博物馆空间构成，通过体验式加虚拟现实的方式，融合装置艺术，激活古法造纸魅力。空间营造提取西汉建筑元素，布局吸收传统造园"移步换景"以及南方传统建筑天井的理念，通过回字形布局贯穿博物馆全局，用传统语境结合现代设计手法，塑造能够满足当代人需求、具备东方精神的现代非遗主题博物馆。

① 博物馆内部空间示意图
② "纸作今生"厅提取汉阙元素演变而来的展台，结合挂纸元素，通过序列组合，营造带有秩序感的展陈空间
③ 售票亭通过提取汉阙斗拱元素，运用现代手法加以提炼，形成既能满足功能使用又能成为景观组成部分的水上建筑
④ "永不纸息"厅效果图
⑤ 序厅通过卷轴画元素的提取运用，通过序列的手法营造静谧的空间感受，同时古法造纸工艺、展厅主体以及《后汉书》中记录蔡侯的文字附于纸上，让观众在行走途中逐渐步入主题

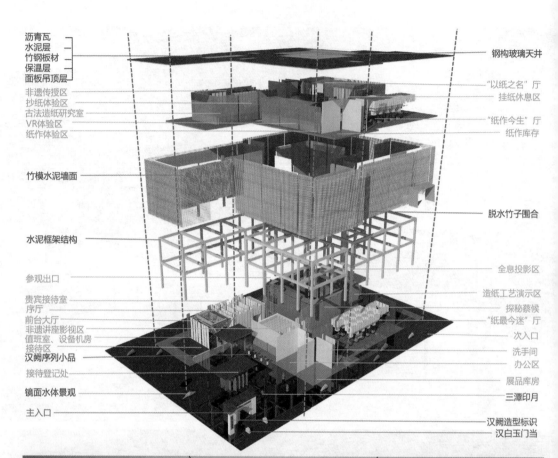

沥青瓦
水泥层
竹钢板材
保温层
面板吊顶层

钢构玻璃天井

非遗传授区
抄纸体验区
古法造纸研究室
VR体验区
纸作体验区

"以纸之名"厅
挂纸休息区

"纸作今生"厅
纸作库存

竹模水泥墙面

脱水竹子围合

水泥框架结构

参观出口

全息投影区

贵宾接待室
序厅
前台大厅
非遗讲座影视区
值班室、设备机房
接待区
汉阙序列小品

造纸工艺演示区
探秘蔡侯
"纸最今迷"厅
次入口
洗手间
办公区
展品库房
三潭印月

接待登记处

镜面水体景观

主入口

汉阙造型标识
汉白玉门当

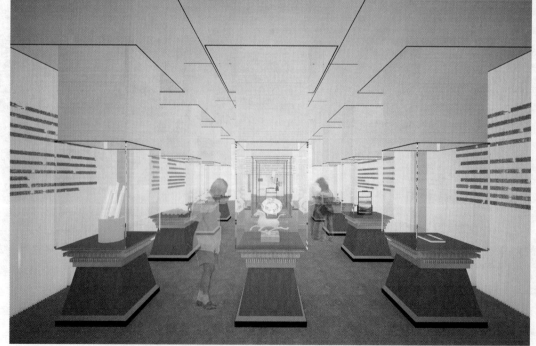

永不纸息
——蔡侯纸文化博物馆

①大厅空间借鉴天井布局，镜面水传译天井，借鉴古法造纸纸张晾晒工艺，提取纸张晾晒架挂纸元素，通过中轴对称及框景的手法营造空间氛围。前台提取西汉汉阙元素体现时代特征

②非遗影视兼讲座区观看蔡侯纸文化影片，影视区运用挂纸元素营造空间，并通过密度纸墙吸收扩散的声音，起到隔声的效果

③探秘蔡侯区则借鉴古代塔基和八卦迷宫的形式，地面做成逐级抬升的八面体，并通过迷宫的形式给参观者营造神秘，崇高的蔡侯形象，参观者在规则的转折中逐渐观看到蔡伦雕塑直至面对雕塑全貌

④"纸最今迷"厅主要展示造纸术的发明与传播。展台设计提取了西汉汉阙元素，展示造纸历史资料文献及造纸原料、步骤等，并用纸张和PVC板制作展台灯箱，运用人工光营造厚重的展览氛围

⑤博物馆平面布局借鉴南方建筑天井的空间形式，结合传统园林平面布局形式，通过回字形布局贯穿以沧浪亭翠玲珑曲折之意，梳理空间动线。空间营造吸收传统造园"移步换景"以及南方传统建筑天井的理念，用传统语境结合现代设计手法，塑造能够满足当代人需求，具备东方精神的现代非遗博物馆

⑥博物馆场馆正门避开喧闹的路口，选择以退为进的"消隐"方式，布局体现起承转合的递进理念，通过循序渐进的方式处理整体格局。打破传统博物馆空间形式，营造"观博如游园"的空间氛围

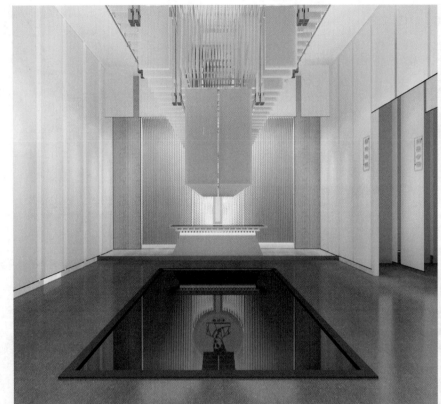

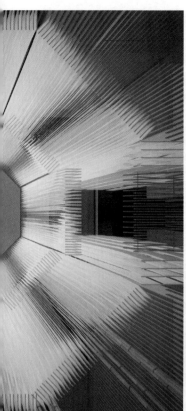

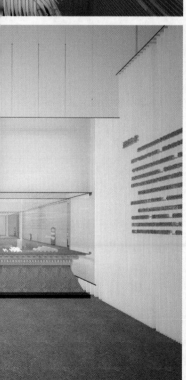

崇力抗战博物馆
——重庆抗战兵工旧址改造设计

参赛类别

室内设计

作者

黄璐 / 张志峰 / 陈草玉婷

学校

四川美术学院

指导老师

龙国跃 / 张雅淳

奖项

本科金奖

设计说明

随着社会的发展，人们对精神产品更加渴求。博物馆发挥着保护和展示文化与自然遗产、开展社会教育、提供休闲娱乐的功能，已成为人民群众精神文化生活中不可缺少的一部分。博物馆的照明设计要求较高，一方面要为观众提供内容丰富的展览，创造良好的视觉光环境；另一方面，又要考虑展品保护。本设计综合考虑照明技术、展陈主题、艺术效果和观众的心理因素，并将新技术、新概念应用于博物馆照明设计，营造了富有生命力、充满活力、整体优化的照明效果，提供了较好的文物保护措施。

如何在改造后的博物馆中恰当地引入通用化设计，是一个值得思考的问题。如何针对不同人群的视觉、听觉及观展感受进行设计，也是我们在这次设计中重点探讨的问题。我们希望能够理论与实践相结合，完善旧址博物馆通用化设计理念，让人们关注旧址博物馆通用化设计的必要性，更好地促进通用化设计的发展。

我们还坚信修旧如旧很重要！和胭脂粉末一样，改造并不是变成别的东西，而是要以创造性的手法，使那些不可多得的人类历史遗产重放异彩。

① 效果图

② 大厅的整体设计采用了"新与旧"的概念。"旧"元素主要融入了重庆的吊脚楼，利用了陪都时期的青砖、拱门等元素，让参观者走入大厅就产生一种时代带入感。"新与旧"元素、概念的完美结合，让不同年龄段的观众都能接受，不会觉得空间枯燥乏味。

③ "科学生产"展区效果图

④ "重庆大轰炸"展区效果图

⑤ "奔赴战场"展区效果图

崀力抗战博物馆
——重庆抗战兵工旧址改造设计

①尾厅
②武器仓库与爱国教育馆
③大厅1
④大厅2
⑤⑥七号洞

模糊边界
——校史陈列馆室内改造设计

参赛类别

室内设计

作者

谷申申 / 赵雨薇

学校

东南大学

指导老师

邓浩

奖项

本科银奖

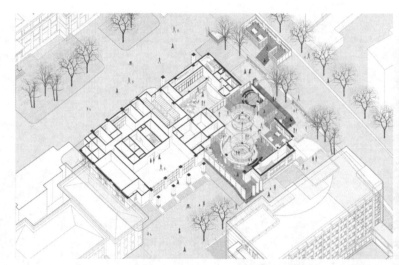

设计说明

通过前期的调研与分析，我们提出"模糊边界"的设计
理念，以解决本案存在的多样性问题。模糊边界不仅仅
是气候边界的模糊化，也是功能边界、空间形态的模糊
化，通过对于立面的改造来达到气候边界的模糊化，既
方便建筑系师生使用图书室，也使整个建筑对全校师生
以更加开放的姿态存在于场地之中。

建筑学院的精神在多方面都有所体现，而在本设计中，
对建筑学的精神进行抽象后，提取出其中特质之一：生
活与教学一体，严于教且重交流。因此本案根据这一特
质进行设计，模糊了各功能之间的边界，使得教师和同
学可以更为便捷地进行研讨、教学。图书室不再是作为
单一的阅览空间而存在，也作为教学、研究、校园文化
的场所而存在。

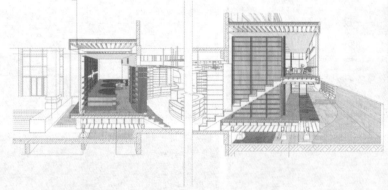

① | ④ | ⑥

② |

③ | ⑤ | ⑦

①剖面图
②局部构造分析
③立面图
④⑤⑥⑦透视图

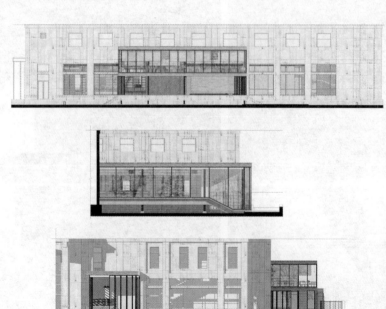

模糊边界
——校史陈列馆室内改造设计

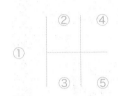

①功能分区图
②调查问卷数据分析
③材质分析
④室内核心区透视图
⑤咖啡厅区透视图

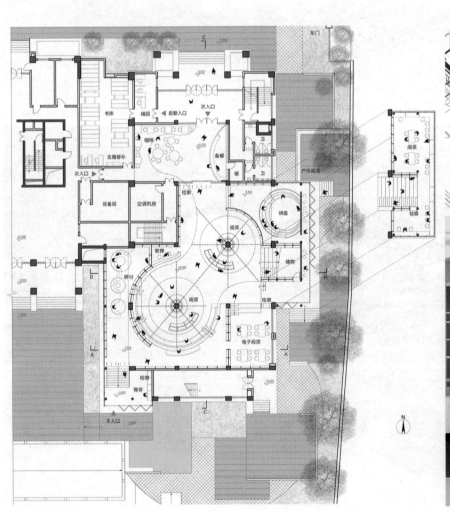

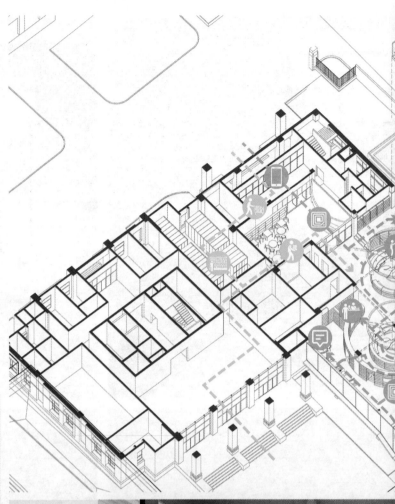

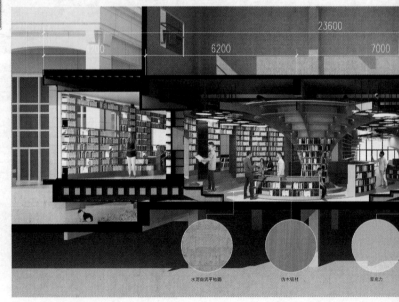

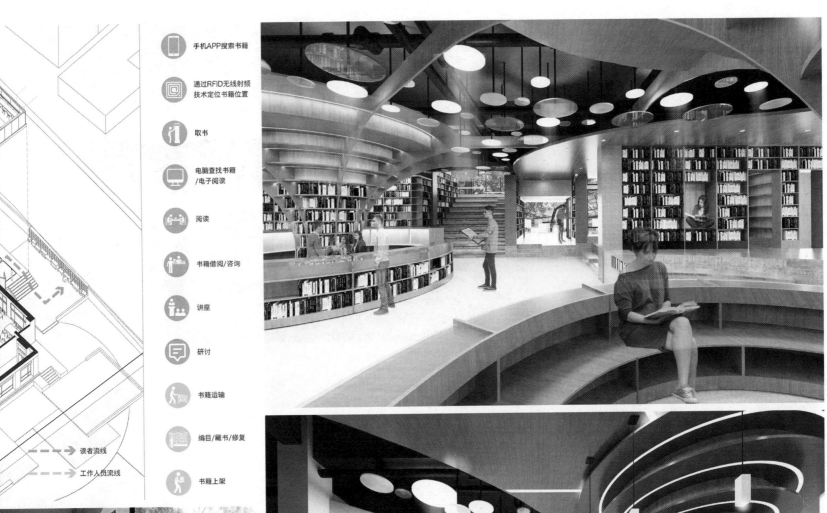

手机APP搜索书籍

通过RFID无线射频
技术定位书籍位置

取书

电脑查找书籍
/电子阅读

阅读

书籍借阅/咨询

讲座

研讨

书籍运输

编目/藏书/修复

书籍上架

- - → 读者流线
- - → 工作人员流线

6200

1500
2700
5100
900

实木复合地板

存在的遗忘
——记忆承载的历史文化空间印记

参赛类别
室内设计

作者
胡啸 / 徐瑛嫔 / 笪竹君

学校
南京艺术学院

指导老师
卫东风 / 施煜庭

奖项
本科银奖

设计说明

时至今日，我们都已隐隐察觉到了一些变化：城市发展吞噬了土地，精神文化沦陷为勾勒记忆的碎片，造成"存在的遗忘"。本方案试图用新的模式和参照系去回应城市窘境并且改造现有空间架构，尝试赋予艺术文化空间新的意义，表达新与旧、虚与实、现实与想象、社会物质与艺术文化的平衡关系。原有建筑架构无序共存，夹杂各种时间断点的建造痕迹，以影片叙事为"载体"，转译艺术文化空间，记录社会进程及艺术文化发展历程。视口中所呈现的片段可以支撑起该场地的记忆，可变的胶片视口形成的丰富表情也代表了新时代的独特记忆。

①展厅效果图
②轴测图
③外观效果图

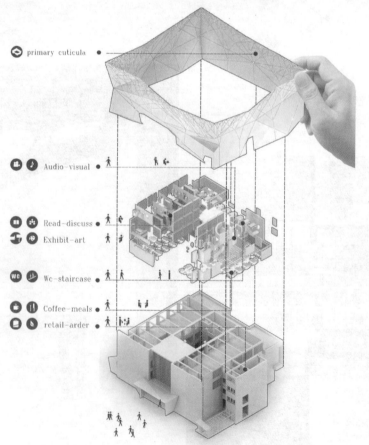

primary cuticula

Audio-visual

Read-discuss

Exhibit-art

Wc-staircase

Coffee-meals

retail-arder

存在的遗忘
——记忆承载的历史文化空间印记

①剖面图
②自由阅读区效果图
③茶室效果图
④休息区效果图
⑤一层休闲区效果图
⑥阅读区效果图
⑦展厅效果图

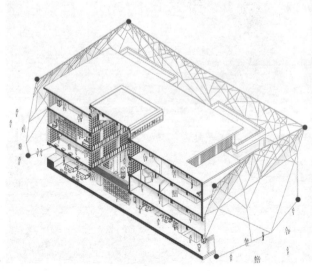

上海 Concave-Convex 休闲会所方案设计

参赛类别
室内设计
作者
丁瑶涵
学校
仲恺农业工程学院
指导老师
贺珊
奖项
本科银奖

设计说明

本设计试图打破消费单一、设计空洞乏味的上海市会的格局，为年轻一代提供符合其消费心理的会所。本设计力图避免普通会所单纯追求装饰的歧路，转而在形体、材质、色彩和光影等方面进行多方位探究。会所空间设计的设计感，依赖于设计语言和设计手法的巧妙处理。本设计的功能布局和表现形式参照一些具有现代感和设计感的欧美时尚会所。

①北剖面图
②西剖面图
③一层空间效果图
④一层空间和二层空间效果图
⑤二层空间效果图

上海 Concave-Convex 休闲会所方案设计

①
②
③
④
⑤
⑥

①东剖面图
②二层立面图
③三层立面图
④一层立面图
⑤二层空间和三层空间效果图
⑥三层空间效果图

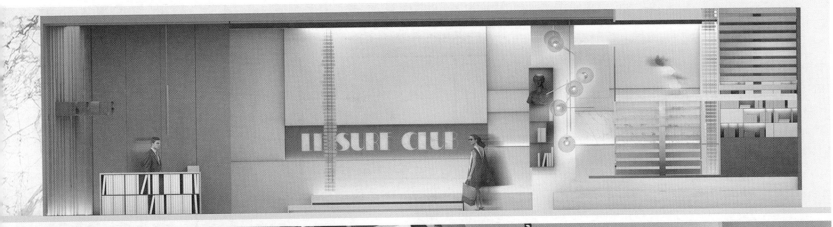

三舍家居体验店设计

参赛类别

室内设计

作者

关诗翔 / 那航硕 / 张译夫

学校

东北师范大学

指导老师

刘艾鑫

奖项

本科铜奖

设计说明

场地位于日照市东港区,原始建筑是一栋普通的老建筑,内部空间比较简单,空间相对开敞,窗很大,屋顶为木结构。设计保留原屋顶,并对其木结构进行翻新处理,使屋顶与下方的新空间产生对话。

为了保留老建筑的痕迹,并使之具有新的空间功能,我们尝试保留一部分原有墙面,使其或裸露,或隐藏在木格栅的后面。设计综合考虑家居体验店的功能分区,利用格栅的半通透特性,营造静谧而又富有节奏的空间氛围;运用通透与半通透的隔墙取景与借景手法,将室外的景观引入室内空间之中。本设计使老建筑的记忆得到保留并焕发新生。

① ④ ⑥

②

③ ⑤ ⑦

①一层平面图
②场地周边情况分析图
③建筑拆分图
④⑤⑥⑦效果图

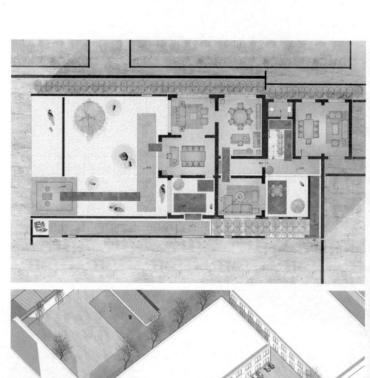

①②③④效果图
⑤场地区位图

山旬
——生命纪念体验馆概念设计方案

参赛类别

室内设计

作者

刘玉书 / 蔡晓文

学校

广东工业大学

指导老师

任光培

奖项

本科铜奖

设计说明

城市墓地是城市物质文明起源的胚胎，又是城市精神文明的归宿，它埋葬了一代又一代的灵魂，是人文关怀与场所精神结合的精品。墓地本身并不宣扬死亡恐怖，而是提供缅怀、反思的场所。可是随着时间的推移、社会的快速发展，人们对于墓地和死亡产生了避讳心理，无论是祭拜的形式，还是人们表达情感的方式，都越来越僵化。建筑空间与人之间是一种相互影响的关系，通过对建筑空间环境的设计，可以引导或改变人的某些心理和行为，因此我们研究了墓地的发展现状，试图通过设计来解决墓地生态、祭拜形式，人的情感释放等问题。本方案向人们展示了一个逝者与生者和谐共处并且具有精神的场所，逝者在空间中得以安息，而生者在空间中充分地表达着对逝者的缅怀。同时，空间设计还引导人们深入地去思考生命的意义。

①体验空间·木
②空间采光分析图
③建筑外观效果图
④大厅效果图
⑤对话空间效果图

山旬
——生命纪念体验馆概念设计方案

①
②　④　⑤
③

①建筑外观效果图
②建筑入口效果图
③体验空间·金
④体验空间·火
⑤骨灰存放处效果图

舍上
——激活金坑村村民日常生活空间

参赛类别

室内设计

作者

杨婷 / 张露露

学校

广州美术学院

指导老师

李泰山

奖项

本科铜奖

设计说明

本案对老建筑进行了更新设计，赋予它新的公共性功能，满足村民使用需求，且融入了当地的特色文化。老建筑不再闲置，它们勾起"本地人""两地人""外地人"的乡村情结；金坑村再次繁荣，乡村文化得以传承延续。在旧建筑的基础上嫁接当地原有的竹子建筑，新建筑结构点更是在传统手工编织手法为基础提炼运用上去，让旧建筑赋予了新元素的同时保留原有的特色。

①书屋、茶室、游乐屋、戏院空间的建筑外立面、剖面、平面图
②形态推敲分析图（一）
③形态推敲分析图（二）
④思考分析图
⑤村落色块填充平面图

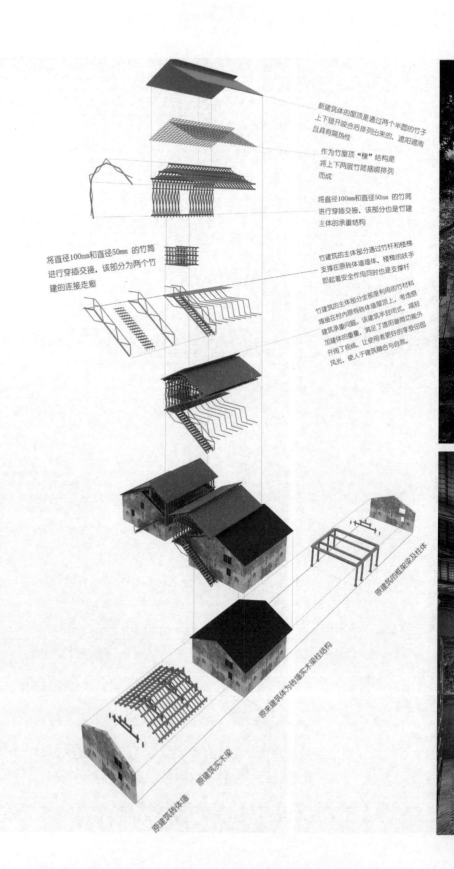

新建筑体的屋顶是通过两个半圆的竹子上下错开咬合后排列出来的，遮阳遮雨且具有隔热性

作为竹屋顶"椽"结构是将上下两层竹筒插绑排列而成

将直径100mm和直径50mm 的竹筒进行穿插交接，该部分也是竹建主体的承重结构

竹建筑的主体部分通过竹杆和楼梯支撑在原砖体墙墙体，楼梯的扶手即起着安全作用同时也是支撑杆

竹建筑的主体部分全部是利用的竹材料嫁接在村内原有砖体墙屋顶上，考虑原建筑承重问题，该建筑半封闭式，减轻加建体的重量，满足了遮阳遮雨功能外开阔了视线。让使用者更好的享受田园风光，更人于建筑融合与自然。

将直径100mm和直径50mm 的竹筒进行穿插交接，该部分为两个竹建的连接走廊

原建筑的框架梁及柱体

原来建筑体为砖墙实木梁托结构

原建筑砖体墙

原建筑实木梁

舍上
——激活金坑村村民日常生活空间

①功能空间在村落中的位置示意图
②楼梯效果图
③茶室二楼效果图
④游乐屋和茶室夜景效果图
⑤茶室一楼效果图

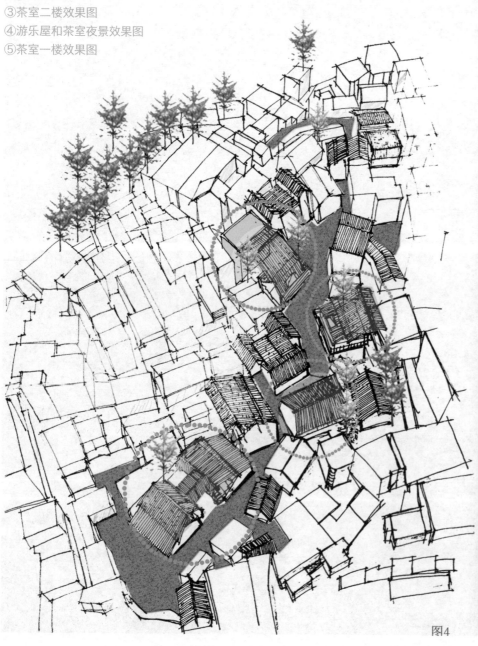

图4

乐叙空间
——都市缓释空间设计

参赛类别

室内设计

作者

杜泓伕 / 段梦秋

学校

四川美术学院

指导老师

黄红春

奖项

本科铜奖

设计说明

都市缓释空间的意义在于：为人们提供一个缓解城市高压，能够进行自我对话的精神空间。本案借助音乐这一特殊的叙事语言，通过对音乐和景观空间的转译，抓住"情绪"这一二者的共通点，探索一种新的景观设计方法去解决城市的问题。我们尝试从不同角度去思考解决城市问题的办法，通过转变城市空间的方式，关注城市居民的精神健康，尝试去缓解城市居民的精神压力。

设计以都市缓释空间为"叙事"的载体，这种叙事性在于将人"抽离"现实生活，使之通过与场地进行对话进而反观自己所处的现实生活，再以思考的"行为"回归现实。基于对音乐转译叙事景观的研究，我们选取了电影《黑天鹅》中的Nina's Dream和The Room of Her Own两首配乐中最能体现主人公情绪转变的7个关键片段作为空间转译的依据，并结合音乐与电影的叙事方式，去展现一个全新的精神互动空间。并将截取的片段化音乐通过"空间重组"的形成全新"幻想曲"空间来反观现实。

① ｜ ②

①分幕式节点
②序幕

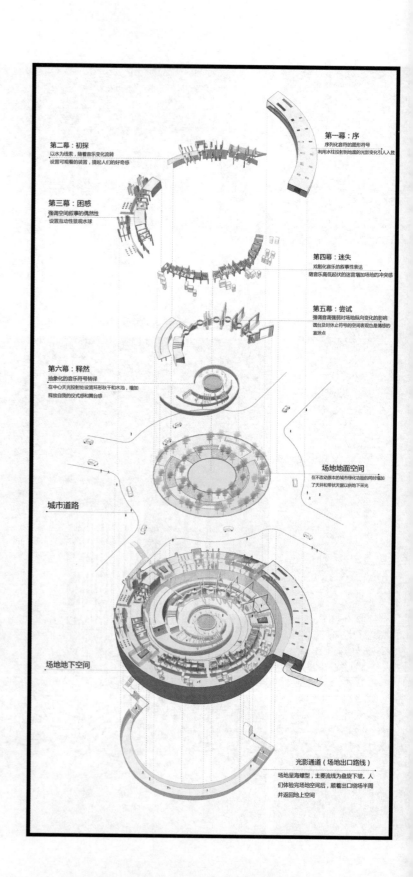

第一幕：序
序列化音符的圆形符号
利用水柱投射到地面的光影变化引人入胜

第二幕：初探
以水为线索，随着音乐变化流转
设置可观看的装置，提起人们的好奇感

第三幕：困惑
强调空间叙事的偶然性
设置互动性景观水球

第四幕：迷失
戏剧化音乐的叙事性表达
随音乐高低起伏的迷宫墙加强场地的冲突感

第五幕：尝试
强调音调强弱部对场地纵向变化的影响
圆台及对休止符号的空间表达也是情绪的宣泄点

第六幕：释然
抽象化的音乐符号转译
在中心天光投射处设置环形秋千和水池，增加释放自我的仪式感和舞台感

场地地面空间
在不改动原本的城市绿化功能的同时增加了天井和带状天窗以供地下采光

城市道路

场地地下空间

光影通道（场地出口路线）
场地呈星海螺型，主要流线为盘旋上坡。人们体验完场地空间后，顺着出口绕场半周并返回地上空间

01./序幕

THE ROOM OF HER OWN (0'00"---0'13")

空间分析

2D: TYPICAL

CHANNEL 1

FAST TRACK

CHANNEL 2

光影（时间）分析

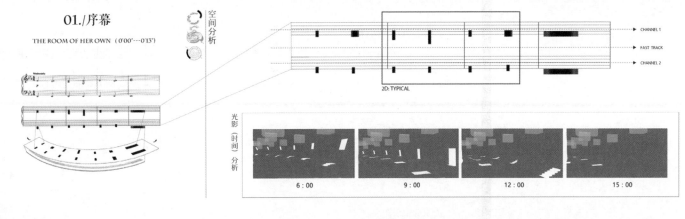

6：00　　　　9：00　　　　12：00　　　　15：00

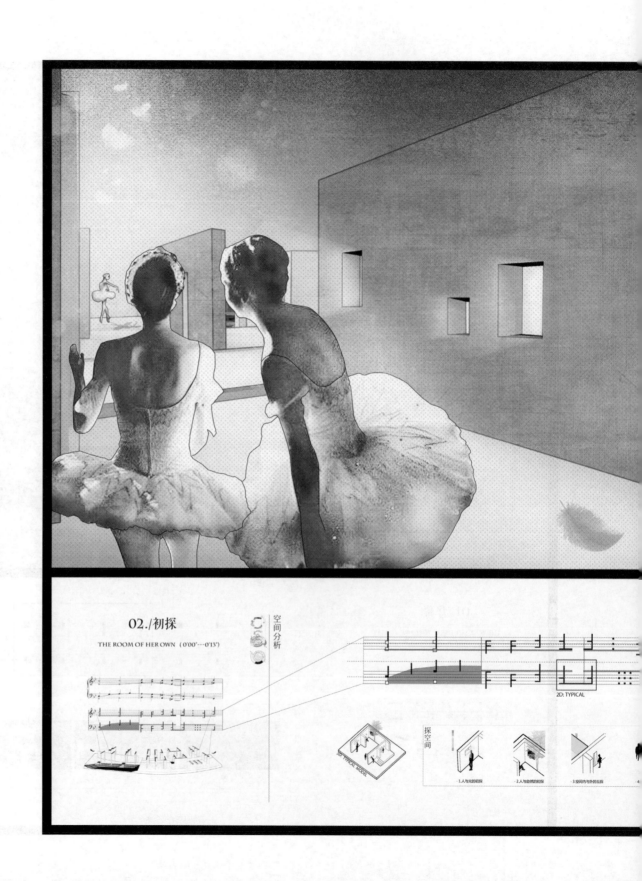

02./初探

THE ROOM OF HER OWN (0'00'---0'13')

空间分析

2D: TYPICAL

探空间

1.人与光的初探　2.人与自然的初探　3.空间内与外的互探　4.

①

②

①初探
②尝试

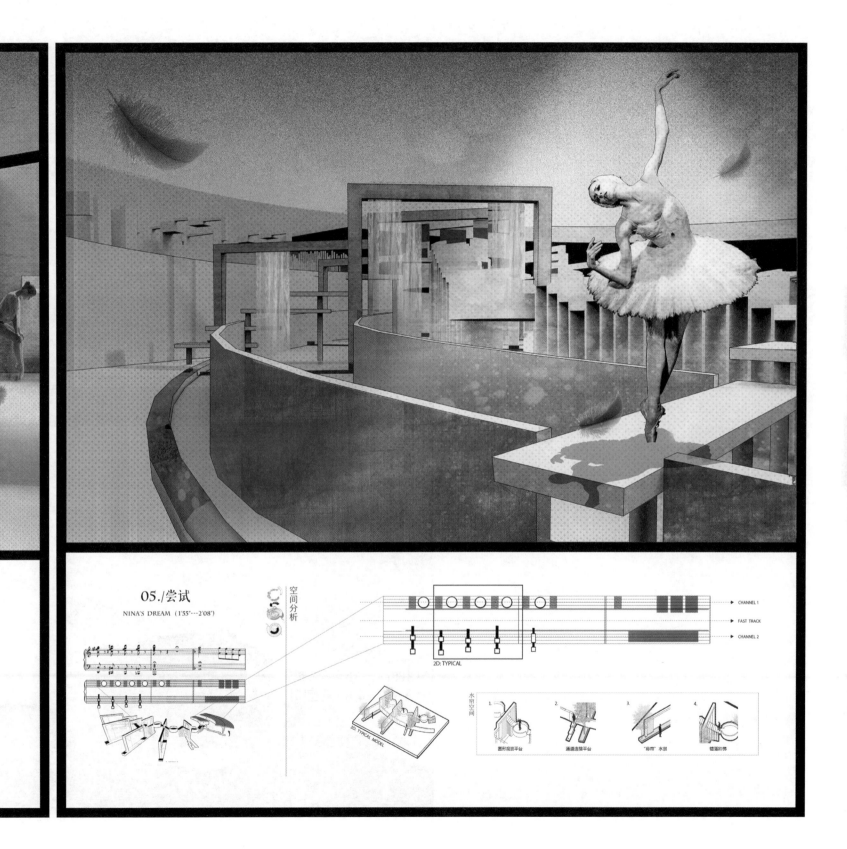

05./尝试

NINA'S DREAM（1'55"---2'08"）

空间分析

CHANNEL 1
FAST TRACK
CHANNEL 2

CHANNEL 1
FAST TRACK
CHANNEL 2

2D: TYPICAL

3D: TYPICAL MODEL

水幕空间

1.	2.	3.	4.
圆形观景平台	通道连接平台	"幕布"水景	错落阶梯

对话视觉
——克利画展展厅设计方案

参赛类别

室内设计

作者

陈雅靖

学校

深圳技师学院

指导老师

余婕 / 王辰劼 / 李验

奖项

专科银奖

设计说明

本设计用几何形体任意拼接成各种形状，把拼接和展厅的元素结合在一起。元素是经过提取再设计后形成的，是各种不同的几何体。在展墙、地面和天花，使用了这些元素。元素精心拼接，给空间营造了趣味性。

①整体鸟瞰图
②中心展示区效果图
③休息区效果图
④结语区效果图
⑤前言区效果图
⑥中心展示区效果图

对话视觉
——克利画展展厅设计方案

①多媒体展示区效果图
②③艺术通道效果图
④展示区效果图

灰度空间
——Lee专卖店方案设计

参赛类别

室内设计

作者

黄俊佳

学校

深圳技师学院

指导老师

冷国军 / 王辰劼 / 李验

奖项

专科铜奖

设计说明

本次服装专卖店设计将门面的墙体全部改造成玻璃，使整个空间更加宽敞，而且能够更好地引起消费者的注意。

Lee是一家大众品牌，为了展示众多的产品，设计在天花板上悬挂金属管道并作为衣架，既节约空间，又使整个空间更加丰富，有层次感。靠墙的金属管道则能够进行拆解重组，使陈列方式多样化。水泥灰墙和金属管道的设计，与服装形成硬和柔的对比，使空间散发出特殊的魅力。

①效果图一
②鸟瞰图
③效果图二
④效果图三

灰度空间
——Lee专卖店方案设计

① ③

② ④

①地面用材图
②立面图
③效果图四
④总平面图

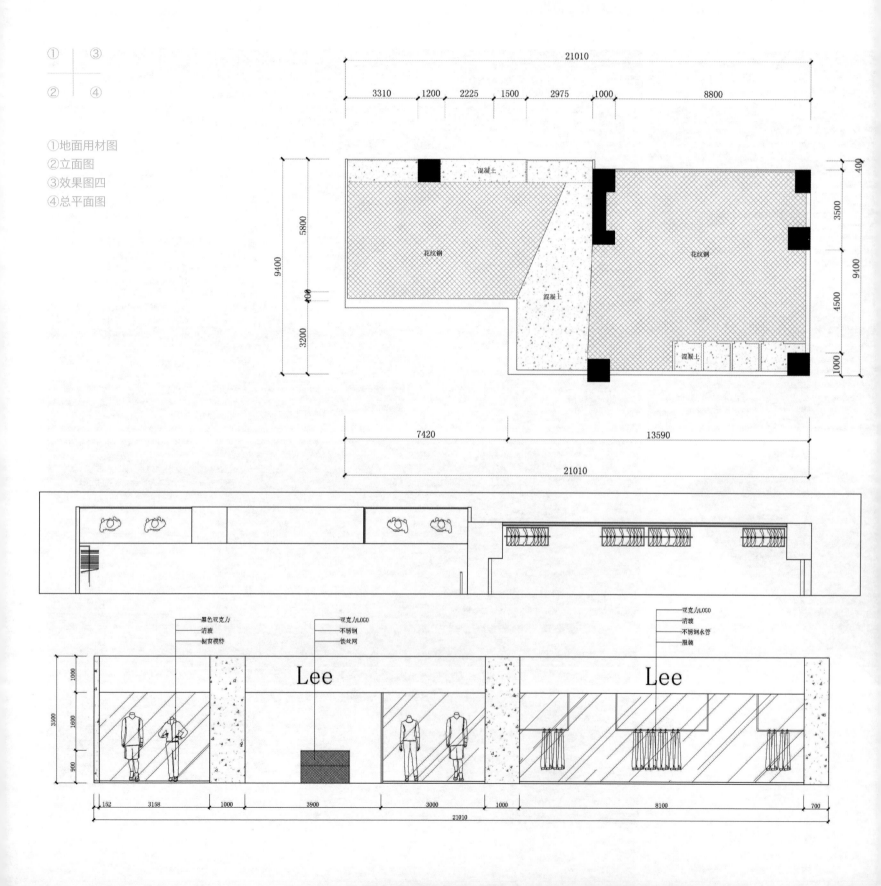

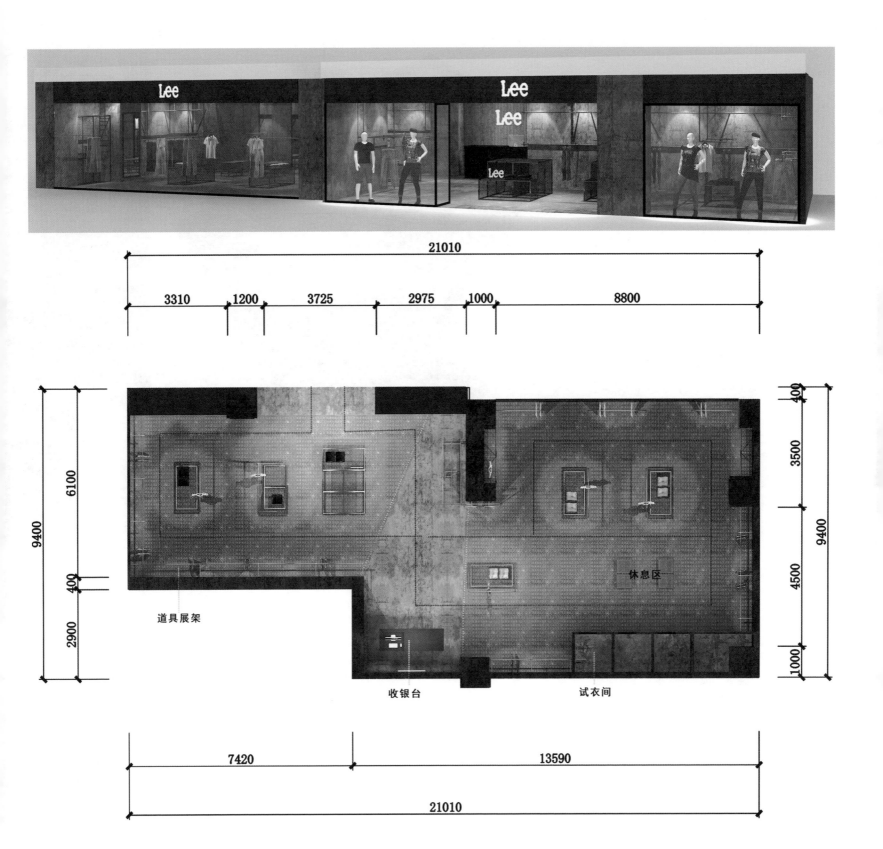

静谧时间
——日式料理餐饮空间设计

参赛类别
室内设计

作者
叶智华

学校
深圳技师学院

指导老师
王辰劼 / 李验 / 吴成军

奖项
专科铜奖

设计说明

本方案是将方形发光盒子以积木堆叠的形式加以设计，形成不同功能的正负空间。盒子内部是相对私密的包间，负空间则形成走廊和日式景观通道。所有盒子的地面基础退于边缘之内，给人以悬浮、轻盈之感。廊道里错落有致的台阶指引着客人进入包间，包间内略微幽暗的灯光，令人感觉静谧而又温馨。每个包间下部均有玻璃窗口，包间外的日式景观尽收眼底。

① 整体鸟瞰图
② 休闲包间效果图
③ 接待前台效果图
④ 寿司吧台区效果图
⑤ 包间细部图

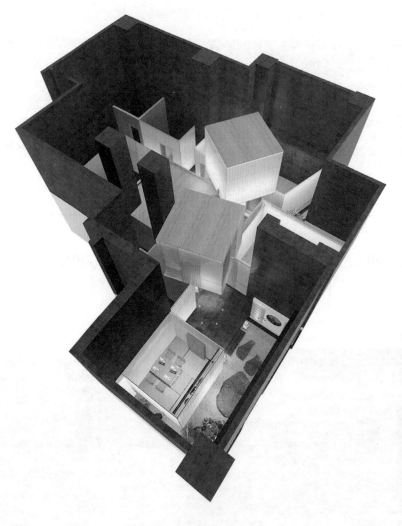

静谧时间
——日式料理餐饮空间设计

①接待前台外立面效果图
②包间外部效果图
③日式走廊局部效果图一
④寿司吧台区效果图
⑤日式走廊局部效果图二

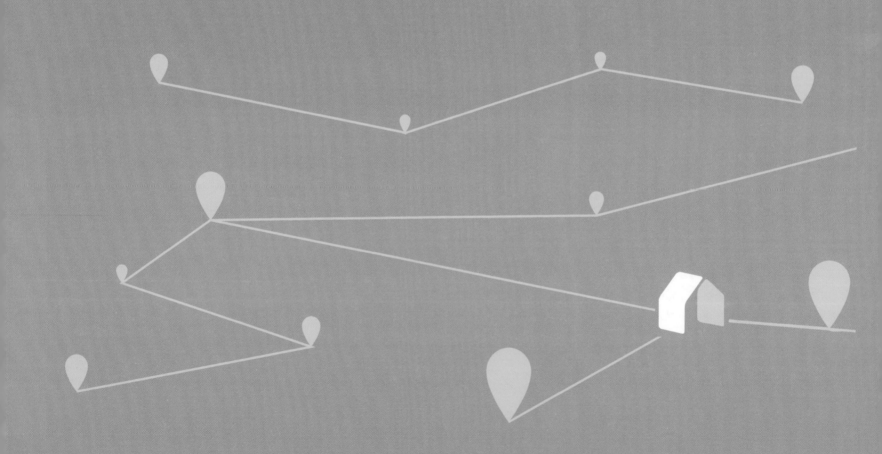